本书得到河南省科技厅科技攻关项目（项目编号：212102110467）和周口师范学院高层次人才科研启动经费（项目编号：ZKNUC2020047）资助

小麦高效种植及病虫害防治技术

张　怡◎著

科学技术文献出版社
SCIENTIFIC AND TECHNICAL DOCUMENTATION PRESS

·北京·

图书在版编目（CIP）数据

小麦高效种植及病虫害防治技术 / 张怡著. —北京：科学技术文献出版社，2021. 11
ISBN 978-7-5189-8689-7

Ⅰ.①小…　Ⅱ.①张…　Ⅲ.①小麦—高产栽培—栽培技术　②小麦—病虫害防治　Ⅳ.① S512.1 ② S435.12

中国版本图书馆 CIP 数据核字（2021）第 247352 号

小麦高效种植及病虫害防治技术

策划编辑：张　丹　责任编辑：巨娟梅　张瑶瑶　责任校对：张　微　责任出版：张志平

出　版　者	科学技术文献出版社	
地　　　址	北京市复兴路15号　邮编 100038	
编　务　部	（010）58882938，58882087（传真）	
发　行　部	（010）58882868，58882870（传真）	
邮　购　部	（010）58882873	
官 方 网 址	www.stdp.com.cn	
发　行　者	科学技术文献出版社发行　全国各地新华书店经销	
印　刷　者	北京虎彩文化传播有限公司	
版　　　次	2021 年 11 月第 1 版　2021 年 11 月第 1 次印刷	
开　　　本	710×1000　1/16	
字　　　数	223千	
印　　　张	13.75	
书　　　号	ISBN 978-7-5189-8689-7	
定　　　价	68.00元	

前　言

　　作为农业大国，中国地域广袤辽阔，适宜农业生产的范围也极为广泛，农业在中国的发展道路上一直占据着极为重要的地位。2021年2月21日，《中共中央 国务院关于全面推进乡村振兴加快农业农村现代化的意见》作为中央一号文件发布，这是21世纪以来中国第18个指导"三农"工作的中央一号文件。

　　加快农业和农村现代化，构建和谐农村的主体是广大农民，农民所代表的农村生产力的发展是构建现代化农村的核心基础。自改革开放以来，中国农村发生了翻天覆地的变化，农业发展取得了举世瞩目的成就。自2015年以来，中国粮食生产总量已经连续6年稳定在6.50亿吨以上，2016年中国小麦年产量达到1.28亿吨，2021年中国小麦产量为1.34亿吨，比2020年增加258.9万吨，增长2.0%。小麦是占据中国1/5粮食作物的大产量作物，是仅次于水稻的第二大粮食作物。

　　虽然现在小麦和水稻自给率保持在100%以上已多年，远远超出了国际安全线，但随着中国经济的快速发展、人民生活水平的不断攀升，人民对稻米和面粉的口感要求和品质要求也越来越高。小麦高产离不开化肥，但随着化肥施用量不断增加，一味追求高产也造成肥料利用率正在不断降低，化肥的高施用量严重破坏了土壤的生态环境和养分平衡环境，从而降低了作物的抗逆能力，增加了对病虫害的敏感性，与绿色农业和可持续发展的目标相悖。

　　本书以小麦种植过程中肥料的高效利用、合理和科学地实现增产稳产、平衡土壤养分水平和生态环境为核心诉求，结合小麦的生长特性和栽培特性，进行了高效种植技术和病虫害防治技术的研究。本书涵盖小麦栽培史及生长概述、小麦高效播种管理技术、小麦高效田间管理技术、小麦高效水肥管理技术、小麦高效栽培技术和小麦病虫害防治技术等 6 章内容，对小麦高效种植技术和病虫害防治技术进行了详细的阐述与分析，力求以更加科学合理的种植技术和病虫害防治技术，在实现小麦增产稳产的同时，最大限度减少环境负担和肥料浪费。鉴于笔者水平有限，书中难免会出现错误和不完善论点，恳请各位同行及专家学者予以斧正。

目　录

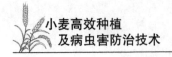

第一章　小麦栽培史及生长概述

第一节　小麦栽培史概述

小麦属于禾本科植物，整个禾本科可以划分为两大支。一支名为PACMAD，由6个亚科学名的首字母拼成；另一支名为BEP，由3个亚科学名的首字母拼成。小麦属于BEP支中的早熟禾亚科（Pooideae，即P亚科），早熟禾亚科广布在全球各种生态环境中，是禾本科中最大的一个亚科，根据不同的花序、小穗、颖片、外稃脉纹、颖果、叶片结构、生态分布和生理状态等特征可分为六大超族。小麦归属于早熟禾亚科中小麦超族（短柄草族、小麦族和野麦族）里的小麦族中的小麦属。

一、小麦的悠久历史

小麦属是早熟禾亚科中小得不起眼的属。在约250万年前，小麦属刚与其近缘山羊草属分开时，仅有一个种，即一粒小麦；约100万年前，小麦属下的唯一一个种才分化为两个出现了生殖隔离的种，分别是一粒小麦和乌拉尔图小麦；约50万年前，乌拉尔图小麦和山羊草属中的拟山羊草产生了天然杂交，克服了生殖隔离并形成了野生的二粒小麦，大约同一时期乌拉尔图小麦与另一种未确定的山羊草属植物发生天然杂交，形成了野生的提莫菲维小麦。

（一）小麦属的4个野生种

上面提到的小麦属的4个种中，一粒小麦是小麦的基石，有14个染色体，是多倍体小麦染色体组的供体物种之一，因为每小穗结实1粒，所以被称为一粒小麦；乌拉尔图小麦是小麦属的二倍体种之一，有14个染色体，外形和野生一粒小麦相似（同样每小穗结实1粒），是四倍体小麦的主要供体物种，在普通小麦的进化和发育进程中起着关键作用。

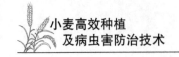
二粒小麦是小麦属的四倍体种，有 28 个染色体，是乌拉尔图小麦与一种山羊草属杂交后突然染色体加倍形成的一个异源多倍体植物。因其每小穗结实 2 粒，故被称为二粒小麦。提莫菲维小麦也是小麦属的四倍体种，有 28 个染色体，是乌拉尔图小麦与另一种山羊草属杂交后染色体加倍形成的另一个异源多倍体植物。

虽然小麦属在数万年前仅有 4 个野生种，但这些小麦属野生种都非常适合作为粮食作物。尤其是小麦属中的野生一粒小麦，其分布最广，主要生长于亚洲大陆的西海岸中纬度地区。在数万年前该地区因地理位置和大气环流的作用，形成了较为少见的地中海气候，该气候的特征就是冬季温暖多雨，夏季漫长且炎热干燥。野生小麦为了熬过炎炎夏季，逐步演化成一年生植物，种子会在冬季来临之前萌发，之后以幼苗的形式越冬，进入来年春季后会迅速生长且开花结实，当酷夏来临时植株便会死亡，种子以休眠的形式在土壤中蛰伏，等待气温较低的冬季来临。因为需要适应气候特性，野生小麦均只有不到一年的寿命，其营养过多储存在自身并无任何益处，所以野生小麦就将营养多数倾注于培养下一代，从而出现了野生小麦饱满而营养充足的种子。

小麦硕大的种粒富含营养，所以非常适合人类采集和食用，在约 1.4 万年前人类进入新石器时代，小麦成了人类非常重要的食物来源。约 1.4 万年前，生活在新月沃地的古人类主要过的是狩猎和采集生活，营养丰富的野生小麦成了古人类采集者非常青睐的对象，当时新月沃地降水量明显增加，野生小麦的产量高而稳定，环境的改善推动着新月沃地一部分古人类过上了非常稳定的定居生活，这种稳定的定居生活也推动着古人类进入了新石器时代。

（二）小麦的驯化

约 1.28 万年前，地球经历了一场在地质学上被称为"新仙女木事件"的气候剧变，导致了全球气候进入新仙女木期。

此事件之前地球整体气候属于温暖的间冰期，新仙女木事件后整个地球开始大幅降温，全球平均气温在短短 10 年内下降了大约 7 ～ 8℃，之后这种降温持续达 1300 年，整个千年时间地球处于一种气候强变冷的春寒期。

新月沃地同样受到了影响，该地气候重新变得干冷，同时野生动植物资源大量减少，在这样的背景下，西亚古人类被迫开始学习驯化植物，学习种植，这推动着古人类开始从事真正意义上的农业活动。

最早被西亚古人类食用和采集的野生小麦自然就成了首批被驯化的农作物,约1万年前野生一粒小麦被驯化(考古发现中亚地区史前古人类居住点有许多残留实物,包括野生和栽培的小麦小穗、炭化麦粒等),紧随其后被驯化的是二粒小麦。到约1万年前,已被驯化的二粒小麦与山羊草属中的粗山羊草(节节麦)发生了天然杂交,最终形成了普通小麦。

二粒小麦有28个染色体,粗山羊草有14个染色体,两者发生天然杂交的后代本是不育的品种,但低温气候使杂交种的染色体出现了加倍变异,最终形成了具有42个染色体的异源多倍体植物——普通小麦,其属于小麦属的六倍体种。普通小麦是小麦属的第5个种,同时也是更加耐寒、适应力更强的一个种,于是很快取代了一粒小麦和二粒小麦,成了栽培最广泛也最为人类熟悉的小麦种。普通小麦出现后,开始从西亚和近东一带传入欧洲和非洲,并逐步向东部的印度、中国传播。

早在9000年前,土耳其、伊朗、以色列等地就已经开始广泛栽培小麦;8000年前,巴基斯坦、希腊、西班牙开始栽培小麦;7000年前到6000年前,外高加索和土库曼斯坦开始栽培小麦;6000年前,非洲埃及开始栽培小麦;5000年前,印度、中国开始栽培小麦。小麦属各个种的出现时期与分布如表1-1所示。

表1-1 小麦属各个种的出现时期与分布[①]

小麦属种名	出现时期	倍性	分布地域	特性
一粒小麦	约250万年前	二倍体(14个染色体)	新月沃地北部、外高加索、巴尔干半岛	性耐寒耐旱,适宜山区栽培,有抗锈病抗原
乌拉尔图小麦	约100万年前	二倍体(14个染色体)	新月沃地北部、外高加索	性耐寒,有抗锈病、白粉病抗原
二粒小麦	约50万年前(乌拉尔图小麦与山羊草属杂交产生)	四倍体(28个染色体)	新月沃地北部、欧洲及摩洛哥	春性,有抗锈病、白粉病、黑穗病抗原

---

① 关于小麦起源,你知道多少?[J].甘肃农业,2015(12):61-63.

续表

小麦属种名	出现时期	倍性	分布地域	特性
提莫菲维小麦	约50万年前（乌拉尔图小麦与山羊草属杂交产生）	四倍体（28个染色体）	新月沃地北部、外高加索、格鲁吉亚西部	性耐寒，有抗锈病、黑穗病、白粉病抗原
普通小麦	约1万年前（二粒小麦与节节麦杂交产生）	六倍体（42个染色体）	全世界范围	更加耐寒、适应力更强

二、中国小麦的发展

如今广为接受的小麦起源和发展模式，就是小麦是由亚洲西部特殊气候造就的产物，之后开始向亚洲东部、欧洲等传播，在约5000年前沿着史前的青铜之路传入了中国，并很快扩散到整个华夏地区。

（一）中国遗址的小麦遗存

现今公开报道的考古遗址中所发现的中国早期小麦遗存，距今大概有5000年到4000年，也就是说小麦在中国的栽培史也大概有5000年左右。例如，新疆孔雀河流域的楼兰小河墓地曾发现4000年前的炭化小麦；安徽钓鱼台新石器时代的遗址中发现了炭化的小麦种子；殷墟出土的甲骨文中也有小麦的记载。也就是说，自商周时代开始小麦就已经是中国北部的主要栽培作物。中国考古遗址小麦遗存情况如表1-2所示。

表1-2　中国考古遗址小麦遗存情况[①]

序号	遗址	地理位置	遗存特征	距今
1	西山坪	甘肃天水	炭化小麦	4600年
2	东灰山	甘肃民乐	炭化小麦和大麦	5000～4000年
3	两城镇	山东日照	小麦、谷子、水稻	4600～4200年

---

① 靳桂云.中国早期小麦的考古发现与研究［J］.农业考古，2007（4）：11-20.

续表

序号	遗址	地理位置	遗存特征	距今
4	赵家庄	山东胶州	小麦、大麦、谷子	4600～4300年
5	周原	陕西岐山	小麦、谷子、黍子	龙山文化（4500～4000年）
6	赵家来	陕西武功	小麦秆	4400～4000年
7	教场铺	山东茌平	小麦、谷子、水稻	4400～4000年
8	小河墓地	新疆孔雀河	普通小麦	4000年
9	皂角树	河南洛阳	小麦、大麦	二里头文化（3750年）
10	二里头	河南偃师	麦穗陶尊残片	二里头文化三期（3650年）
11	大辛庄	山东济南	小麦、黍子、谷子	3500～3200年
12	昌果沟	西藏山南区	普通小麦、青稞	3370年

　　从考古遗迹的小麦遗存情况来分析，在5000年前左右，中国就已经开始了小麦栽培，而且在5000年前到4000年前期间，小麦的出现范围极广，可以确定在那时中国所栽培的小麦已经是完全驯化成熟的品种，完全脱离了小麦种植的初期阶段。

（二）中国早期小麦的发展

　　中国早期小麦是由西亚传播而来的观点之所以被普遍接受，是因为中国的生态环境并没有形成普通小麦的物种条件，而中国所发现的所有小麦遗存，全部都是六倍体的普通小麦。普通小麦是由驯化的二粒小麦与粗山羊草杂交而形成，中国的遗址中却从未找到种植过二粒小麦的遗存，同时整个中国境内自然界也不存在野生的二粒小麦，从这一角度而言，中国并不具备二粒小麦和粗山羊草（新疆伊犁河谷、陕西、河南等均有粗山羊草自然植被）自然杂交的客观条件，因此也不具备普通小麦物种形成的条件。

　　根据考古资料表明，早在7000年前欧洲很多考古遗址中就出土了普通小麦，6000年前中亚和印度等地的考古遗址中也普遍出现了普通小麦，中国的普

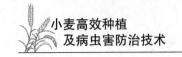
通小麦则主要在 5000 年前的遗址中出现，这很可能就是中亚和印度等地的普通小麦传播到了中国。

不过，虽然普通小麦并非在中国形成，但传播到中国之后，原本适应于地中海气候的普通小麦并不太适应中国北方的温带季风气候，尤其中国北方的春季较为干旱，这对普通小麦而言非常致命，因此从 5000 年前一直到秦代（2200 年前）的很长一个时间段中，普通小麦普遍存在于灌溉较为容易的河岸地带。虽然普通小麦早已在中国广泛栽培，但整体面积有限且产量也并不高。

直至汉代，国家大力修建了水利工程，改善了旱地的灌溉条件之后，普通小麦才得以在中国广泛普及，同时将麦粒磨成面粉的粉食法也才在中国北方得到普及。汉代古人发明面食之后，小麦种植技术得到了快速发展并开始产生细化。

中国南方原本很少会种植小麦，汉代小麦种植技术得到广泛普及时小麦才逐渐向南推广，《晋书》中曾提到，公元 319 年（晋元帝二年），江苏、浙江等地出现饥荒，田中没有麦与禾。其中的麦就是普通小麦，禾则是水稻，也就是说在晋朝中国南方已经广泛种植了小麦，而且小麦和水稻的生长季节并不冲突，因此在南方地域可以在秋季收割水稻之后种小麦，夏季收割小麦之后插秧，从而实现麦禾同田一年两熟。北宋时期就已有记载说，苏州土地肥沃，可以割麦之后种稻，从而一年两熟。

可见自宋代开始，随着面食的普及和多样化发展，小麦的种植面积和产量都有了极大的跃升。据记载，南宋时期中国的小麦总产量已经接近谷子，有时还会超过谷子，小麦已经逐渐成为中国古人非常重要的食物。

新中国成立后，小麦的发展更快，远远超过了其他粮食作物的普及速度和发展速度，成为中国最重要的粮食作物之一。小麦生产不仅和民众的生活水平息息相关，也是国家粮食安全和社会稳定的重要保障。

第二节　小麦的栽培品种类型

对小麦可以依据 3 个标准进行分类，即小麦籽粒的皮色、小麦籽粒的粒质和小麦的生态特征。根据不同的品种类型，适合小麦的种植区域也会有所不同，而根据不同的气候环境和条件，选择最恰当的小麦品种，才能达到小麦栽培的最大效能。

一、不同标准下的小麦品种类型

（一）按小麦籽粒皮色分类

小麦众多品种中主要有两种籽粒皮色，分别是红色籽粒和白色籽粒，分别被称为红皮小麦（红麦）和白皮小麦（白麦）。红麦的籽粒表皮为红褐色或深红色，皮较厚且胚乳含量较少，出粉率较低；白麦的籽粒表皮为乳白色或黄白色，皮较薄且胚乳含量较高，出粉率较高。

（二）按小麦籽粒粒质分类

籽粒的粒质，指的是籽粒的胚乳结构中角质和粉质的比例。角质也被称为玻璃质，其胚乳结构较为紧密，整体呈现出半透明状；粉质的胚乳结构较为疏松，整体呈现出石膏状。

当小麦的籽粒中角质占据籽粒中部横截面50%以上时，该小麦的籽粒就是角质粒，当角质不足籽粒中部横截面的50%时，籽粒被称为粉质粒。籽粒中角质粒占据总籽粒数量70%以上的小麦品种被称为硬质小麦；籽粒中粉质粒占据总籽粒数量70%以上的小麦品种则被称为软质小麦。

硬质小麦的蛋白质和面筋含量较高，整体质量较高，主要用于制作主食产品，如馒头、中国面条和面包等。硬质小麦中粒质特别硬、面筋含量很高的品种，则主要用于制作挂面、通心粉和意大利面条等。

软质小麦粉质较多，其中的面筋含量较少，比较适合用于制作烧饼、糕点和饼干等。

（三）按小麦生态特征分类

简单地按小麦播种季节来区分，大体可分为冬小麦和春小麦，春季播种的属于春小麦，秋季播种来年夏季收获的属于冬小麦。这种分类较为粗糙，下面根据小麦不同品种对气候条件的反应特征进行详细分类，在诸多生态因子中，温度和光照是对小麦产生影响最大的两项因子。

1.温度因子分类品种

根据对温度的不同敏感程度，小麦可以分为3类。

一类是春性品种，分为春季播种和秋季播种。其中，春季播种的小麦品种适宜的春化处理（即低温处理促使发芽种子的花芽形成）温度是 5 ～ 20℃；秋季播种的小麦品种适宜的春化处理温度是 0 ～ 12℃。春性品种的小麦经过 5 ～ 12 天适宜温度可完成春化阶段发育，此类品种的特点是即使未经过春化处理，种子在春季播种也能够正常抽穗结实。

一类是半冬性品种，适宜的春化处理温度是 0 ～ 7℃，经过 15 ～ 35 天适宜温度可完成春化阶段发育，未经过春化处理的种子在春季播种，将无法抽穗或延迟抽穗，即便抽穗也会非常不整齐。

一类是冬性品种，此类品种对温度非常敏感，适宜的春化处理温度是 0 ～ 3℃，经过 30 天以上适宜温度才能够完成春化阶段发育，且未经过春化处理的种子在春季播种无法抽穗。

2. 光照因子分类品种

小麦在完成春化处理后，在适宜的条件下进入光照阶段。此阶段小麦对光照时间的长短比较敏感，进入此阶段后小麦的抗寒力会降低，新陈代谢作用会明显加强。通常情况下，一些较为敏感的小麦品种若达不到每日光照 8 小时以上，就无法抽穗结实，而光照时间过长，抽穗就会提前。

另外，小麦进入光照阶段还和温度有很大关系。例如，小麦进入光照阶段最适宜的温度是 20℃左右，有些冬小麦品种在冬季能够完成春化阶段发育，但进入春季后若温度低于 4℃，就无法进入光照阶段。

根据小麦对光照时间敏感度情况，可以将其分为 3 类。

一类是反应迟钝类型，即对光照时长的要求并不太高，只要保证每日 8 ～ 12 小时光照，16 天以上就能够顺利通过光照阶段而抽穗，通常情况下多数地域均能够达到此条件，甚至每日光照 8 小时和 12 小时，在生理反应方面差异并不明显。

一类是反应中等类型，在每日 8 小时的光照条件下小麦无法通过光照阶段，在每日 12 小时左右的光照条件下，需经历 24 天以上才能通过光照阶段而抽穗。

一类是反应敏感类型，此类型的小麦在每日 12 小时光照条件以下都无法通过光照阶段，只有在每日 12 小时以上的光照条件下经历 30 ～ 40 天才能够通过光照阶段而抽穗。

二、小麦的栽培区域和主要栽培品种

中国地大物博，不同地理环境和地理位置具有非常多样的生态气候，综合来看可以将中国小麦的栽培区域分为三大类，分别是春播区、冬（秋播）区和冬春兼播区。其中冬性小麦品种多数种植于北方的冬（秋播）区，半冬性小麦品种多数种植于黄淮平原的冬（秋播）区，春性小麦品种则多数种植于北方的春播区和钱塘江以南的冬（秋播）区。

整个中国小麦栽培区域的分布呈现出以黄淮冬（秋播）区为中心，冬性品种特征沿南北向春性品种特征转变的特性，即黄淮冬（秋播）区的半冬性小麦品种，向南冬性逐步减弱，从冬性品种过渡到弱冬性品种，再过渡到春性品种，向北则是冬性品种先过渡到强冬性品种，再过渡到春性品种，最后是强春性品种。

（一）春播区

中国的小麦春播区主要包括东北、内蒙古、宁夏、甘肃、河北北部、陕西北部、山西北部等寒冷和干旱的地区。这些区域冬季极为寒冷，年最低气温在 $-30℃$ 左右，最冷月（1 月）平均气温在 $-10℃$ 左右，秋冬季播种小麦将无法安全越冬，因此这些区域的小麦主要在春季播种。根据温度和降水量的差异，整个春播区能够划分为 3 个亚区。

1. 东北春播亚区

东北春播亚区主要包括黑龙江和吉林，以及辽宁大部和内蒙古东北部，整个区域中部和南部为东北平原，地势平缓，其东部、北部和西部地势较高，土地资源较为丰富，且因为整体海拔不足 1000 米，平缓地面极为辽阔，所以较为适合机械化作业。

整个东北春播亚区横跨了中温和寒温两个气候带，气温从北向南递增且差异较大。最北端漠河的最冷月平均气温达 $-30℃$，中部的哈尔滨最冷月平均气温 $-19℃$，而最南部的锦州最冷月平均气温 $-8.8℃$，北部区域全年无霜期仅为90 天左右，南部区域全年无霜期则最长为 160 天。

平均而言，东北春播亚区全年日 $10℃$ 以上的有效积温为 $1600 \sim 3500℃$，整体热量不足且无霜期偏短。在小麦生育期，主要麦区降水量能够达到 300 毫米，全年降水量则为 600 毫米，是中国小麦春播区中降水量最多的一个区域。

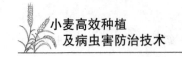

不过整个区域的降水地区和年际间降水分布不均。例如，松花江东部地区降水较多，全年6月、7月、8月降水能够占全年降水的65%以上，易令小麦因雨多而受涝。

因东北春播亚区全年受热量不足，因此小麦种植采用一年一熟，适播期在4月中旬左右，成熟期在7月中下旬，比较适宜种植的是春性小麦品种，这类小麦对光照反应敏感且生育期较短，90天左右即可成熟，且耐寒性强、分蘖力强，前期比较耐旱而后期比较耐湿，非常符合东北春播亚区的气候环境特征。整个东北春播亚区还能够再细分为3个副区，不同副区气候特性有所不同，因此种植的春性小麦品种也会有所不同。

（1）北部高寒副区

此区域属于寒温带，全年气温偏低，冬季严寒且漫长，无霜期能够达到100天以上，气候特性是春旱、夏涝，小麦易出现病害和倒伏，因此需选用前期耐旱、后期耐湿、抗倒伏、抗病性强的中早熟春性小麦品种。

（2）东部湿润副区

此区域主要产麦区是三江平原，气候属于中温带，在小麦生育期易遭遇比另两个副区更高的降水量，需选用耐贫瘠、耐湿润、抗倒伏且抗病性强的春性小麦品种。

（3）西部干旱副区

此区域紧邻大兴安岭，中部为松辽平原和松嫩平原，南部为高原和丘陵。总体而言降水较少，尤其是春季降水很少，易干旱且风沙较多，需选用前期抗旱后期耐高温和耐湿润的早熟春性小麦品种。

2.北部春播亚区

北部春播亚区主要包括内蒙古和河北、陕西、山西的北部区域，该亚区整体地势缓和，海拔从700米到1500米流畅过渡，全年光照较为充足，能够达到2700～3200小时，是光照资源非常丰富的区域。

该亚区最冷月的平均气温为-15℃左右，全年最低气温能达到-30℃左右，且全年降水量较少，平均低于400毫米，在小麦生育期降水量仅有100～150毫米，因此整个亚区属于半干旱和干旱地带。

该亚区的地势东南平缓、西北较高，小麦的播种期随海拔提高而延后，通常从东南向西北播种期是从2月中旬逐渐推迟到4月中旬，因整个亚区早春易干旱且后期干热，所以需实行抗旱播种，同时要开发水源并注意保墒和培养地力。整体而言，该亚区可以分为2个副区。

（1）北部干旱副区

北部春播亚区的西北部为高原地势，平均海拔在1500米左右，年降水量较低，且风沙重、气候冷，被划为干旱副区。在这里，小麦后期易遭受热干风影响，因此需选用早熟的抗旱小麦品种，同时要选用兼具强分蘖力、抗倒伏的丰产品种。

（2）南部半干旱副区

南部半干旱副区地势较为多样，由平原、滩地、盆地、丘陵、高原组成，整个副区平均海拔在1000～1500米，年降水量比北部干旱副区稍高，平均为250～400毫米，小麦生育期的降水量多数为220毫米左右。因此，需选用耐寒且对光照反应敏感的丰产品种。

3. 西北春播亚区

西北春播亚区包括宁夏和甘肃大部，以及青海东部，属于内陆中温带，主要地势是高原，温度自东向西递增同时降水量递减，最冷月平均气温为-9℃，降水量较少且差异明显，降水最少的区域年降水量仅几十毫米。

因为该亚区较为干旱，所以主要麦区处于黄河流域和祁连山区域，小麦生长主要靠黄河水及祁连山雪水灌溉，因光照时间长且辐射强，昼夜温差较大，所以是中国春播小麦的主产地。该亚区全年无霜期在118～236天，适宜种植春性小麦品种，需选用生育期在120～130天且耐寒性强、种子休眠期长的品种。

该亚区的春播小麦通常在3月上旬到下旬播种，7月中下旬到8月中旬收获，整体可以划分为4个副区。其中，银宁灌溉副区需选用早熟、丰产、抗锈病的春性小麦品种；河西走廊副区需选用抗风沙、抗干旱、抗倒伏和耐水肥的中早熟高产品种；陇西丘陵副区需选用耐贫瘠、抗锈病、抗干旱的丰产品种；荒漠干旱副区需选用抗病虫害、抗倒伏的耐寒早熟丰产品种。

（二）冬（秋播）区

冬（秋播）区是中国小麦的主产区，不仅播种面积极广，且产量较高，整个区域北起长城、西起岷山，处于暖温带和亚热带，因区域囊括范围极广，所以南北自然条件和气候差异较大，可以秦岭为界分为北方冬（秋播）区和南方冬（秋播）区两大区域，其中，北方冬（秋播）区是中国的主要麦区，

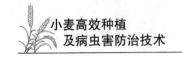

除沿海地区外均属于大陆性气候，最冷月平均气温为 –10～0℃，年降水量为 440～980 毫米，在小麦生育期平均降水量在 200 毫米左右。根据气候特性和栽培特点，冬（秋播）区分为 5 个亚区。

1. 北部冬（秋播）亚区

该亚区主要包括河北中北部、陕西北部、山西中部和东南部、甘肃陇东及辽东半岛南部等，地势较高，平均海拔 1200～1300 米，平原地区平均海拔 500 米左右，近海地区平均海拔 20 米左右，主要属于大陆性温带气候，沿海区域较为温暖湿润。

整个亚区的冬季雨雪少且严寒，春季多风且干旱，因此，主要气候特性是旱和寒。整个亚区最冷月平均气温为 –10～–4℃，其中山西西部、陕西北部、甘肃陇东的气温最低，绝对最低气温为 –24℃左右。正常年份下该亚区的小麦均能够安全越冬，低温年份下和偏北区域内冬季易受冻害。

整个亚区的年降水量在 440～710 毫米，因春季较为干旱，所以小麦易出现春旱。该亚区的小麦种植一般为两年三熟，播种期在 9 月初到下旬，从北向南播种期逐步推迟，收获期在 6 月中旬到 7 月中旬，从南向北收获期逐步推迟。

根据该亚区的气候特性，需选用具有较好的抗寒性但早春对温度反应迟钝、耐寒性强、分蘖力强、拥有白皮硬质籽粒、生育期在 260 天左右的冬性或强冬性小麦品种。该亚区可以根据地势和气候分为 3 个副区。

（1）燕山—太行山平原副区

该副区北起长城并沿燕山延伸，西起太行山，南临滹沱河，东达海滨，主要是冲积平原，整个副区地势平坦。因有燕山和太行山作为屏障，所以该副区气候温暖，最冷月平均气温在 –9.6～–4℃，通常小麦均可安全越冬，在小麦生育期降水量为 150～215 毫米，春旱较为严重，不过整个区域水资源较丰富，所以可以进行灌溉种植。

需选用分蘖力强、成穗率高、适应春旱、丰产稳产的中熟多穗的冬性或强冬性小麦品种。

（2）晋冀山地和盆地副区

该副区主要由太行山、太岳、吕梁山脉环绕，包括山西东部和河北西部，地形以丘陵山地为主，间布晋中和晋东南盆地，因处于山脉环绕地带，所以土壤较为贫瘠，灌溉不方便，麦田以旱坡地为主。

该副区的气候特性是干旱少雨，冬季低温易冻，早春易出现霜冻，所以需选用耐寒、耐旱、分蘖力强、成穗多、生育期在 230 天左右的白皮冬性或强冬性小麦品种。

（3）黄土高原副区

该副区主要包括山西北部、陕西北部、甘肃东部等，地势较高，平均海拔1000 米以上，其中 70% 的麦田属于坡地，且因属于黄土高原，所以水土流失严重，耕作甚为不便，不太适合机械化生产。

因该副区降水较少且水资源较贫瘠，所以需选用耐霜冻、抗冬寒、抗干旱、耐贫瘠、抗倒伏、分蘖力强、拔节晚的适合旱地种植的冬性或强冬性小麦品种。

2. 黄淮冬（秋播）亚区

黄淮冬（秋播）亚区南部以秦岭淮河为界，西部沿渭河河谷延伸至春播区边界，包括河南大部、河北中南部、山东全部、江苏和安徽淮河以北、陕西关中平原、山西南部和甘肃天水等。

整个亚区除局部丘陵山地外大部分属于平原地带，坦荡辽阔且地势低平，西部海拔稍高，平均 400 ～ 600 米，东部海拔较低，平均 100 米左右。该亚区地处温热带，南接北亚热带，因此是过渡性气候类型，气候非常适宜小麦生长。

该亚区北部春季干旱多风，夏季和秋季高温多雨，冬季寒冷干燥，四季气候极为明显，南部则气温较高且降水量较大，整个亚区最冷月平均气温在 -4.6 ～ -0.7℃。北部华北平原绝对最低温度在 -27 ～ -13℃，因此低温年小麦也会遭受冻害；南部绝对最低气温较高，甚至小麦无明显越冬返青期，冬季小麦也能够继续生长。

整个亚区的气候变化较为明显，水肥条件差异也较大，因此小麦种植情况差距较大。从小麦播种期来看，亚区内旱地和西部丘陵通常在 9 月中下旬播种，而平原地区多在 9 月下旬到 10 月中旬播种，成熟期从南向北逐步推迟，多数在 5 月下旬到 6 月上旬成熟。气候的差异造成品种选择差异也较大，北部通常选择冬性或半冬性小麦品种，而南部淮北平原则是半冬性和春性小麦品种兼有的种植模式。该亚区可以细分为 3 个副区。

（1）胶东丘陵副区

胶东丘陵副区主要是山东胶东区域，麦田主要分布在滨海平原和丘陵地带。该副区土质较好且土层深厚，土壤肥力较高，气候四季分明且季风进退明显，属于暖温带，同时又受到海洋气候影响，所以整体气候湿润温和，是小麦

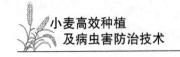

稳产高产的重要基地。

该副区最冷月平均气温在 –4.6 ～ –3.6℃，但早春回暖较为缓慢且寒潮比较频繁，因此小麦容易出现晚霜冻害。另外，该副区虽然年降水量为 600 ～ 850 毫米，但季节间降水量分布不均，小麦很容易受到早春干旱影响。同时，热量较低，所以无法达到一年两熟，通常实行的是套种模式。例如，西部热量稍高，所以在收获小麦后可抢茬播种下茬作物，需要选用冬性或半冬性小麦品种。

（2）黄淮平原副区

黄淮平原副区主要包括河南大部、山东除胶东区域、江苏和安徽淮河以北、河北南部，整个副区包括海河平原南部和黄淮平原，因此极为辽阔平坦，气温南高北低，对应降水量也是南多北少。

以黄河为界，黄河以北年降水量为 600 毫米左右，但小麦生育期的平均降水量为 200 毫米，所以易受干旱影响；而黄河以南年降水量为 700 ～ 900 毫米，小麦生育期的平均降水量为 300 毫米，所以常年不受旱害。种植模式主要是一年两熟，北部区域需选择抗旱、抗寒、抗病害、分蘖力强且前期生长慢中后期生长快的半冬性小麦品种；南部区域则需选择耐寒、抗热干风、分蘖力和成穗率中等的抗病性半冬性和弱春性小麦品种，其中，早茬选择半冬性品种，晚茬选择弱春性品种。

（3）汾渭谷地副区

汾渭谷地副区主要包括山西汾河下游晋南盆地和晋东南盆地大部，以及陕西关中平原和渭南大部。整个副区都属于黄土高原，种植区由一系列河谷盆地组成，通常在平川区种植模式为一年两熟，而旱塬区则为一年一熟或两年三熟。

该副区虽年降水量平均为 600 毫米，但季节间分布不均且年际间变化较大，因此小麦易遭遇旱灾。根据副区地域特性和气候特性，平川区开发了良好的水利设施，能够补充灌溉以避免旱灾，旱塬区则根据其土层深厚和蓄水保墒能力强的特性，形成了一整套旱地小麦栽培制度。

该副区需要选择春化阶段较长、光照反应偏敏感、耐旱耐寒的冬性或半冬性小麦品种。

3.长江中下游冬（秋播）亚区

长江中下游冬（秋播）亚区北起淮河及黄淮冬（秋播）亚区南界，西至鄂西和湘西山地，南临南岭，东到东海，包括江西和浙江大部、河南南部及安徽、湖南、湖北的部分地区，整个亚区以丘陵为主，地形较为复杂，但整体地势不高。

该亚区属于北亚热带气候，全年气候湿润，水热资源非常丰富，年降水量达 830～1870 毫米，小麦生育期的平均降水量在 340 毫米以上，所以易受湿渍危害，在小麦生育中后期易遭遇绵雨天气，所以容易出现光照不足伴随湿害及高温危害的情况。

因整个亚区热量资源丰富，所以种植模式多数为一年两熟，有些区域则一年三熟。适宜播种期在 10 月下旬到 11 月中旬，南部成熟期稍早，在 5 月中下旬，北部则稍晚，在 5 月底前后。因整个亚区最易出现的问题是湿涝和病害，所以需要选择光照反应中等或光照反应不敏感、生育期在 200 天左右、耐湿且种子休眠期长的抗病优质高产的春性或半冬性小麦品种。

4. 西南冬（秋播）亚区

西南冬（秋播）亚区主要包括贵州、四川和云南大部、陕西南部、甘肃东南部、湖北和湖南西部，整个亚区地势较为复杂，以山地为主，丘陵旱坡地较多。整个亚区冬季气候温和，同时高原山地较多使得夏季温度不高，但晴天较少且雨多雾大，光照容易出现不足。

整个亚区最冷月平均气温为 4.9℃，无霜期能达到 260 天，不过光照时长日均仅 4.4 小时，是全国光照时长最短的地区。种植模式主要为一年两熟，四川部分冬季水田为一年一熟。播种期通常在 10 月下旬到 11 月上旬，成熟期主要在 5 月中上旬。

因整个亚区平均气温较高，所以冬季无生长停滞现象，需选用对光照和温度反应迟钝、生育期在 180～200 天、多花多实且休眠期长的半冬性或春性小麦品种。

5. 华南冬（晚秋播）亚区

华南冬（晚秋播）亚区主要包括福建、广东、广西和台湾，该亚区全年气候温暖湿润，无霜期，冬季也无雪冻，最冷月的平均气温为 8～13℃。虽然该亚区水热资源非常丰富，但小麦生育期的降水量在 250～450 毫米，非常不均衡，在小麦苗期雨水很少，中期次之，灌浆期则雨水极多，空气湿度会较大，容易影响小麦的开花、灌浆和结实，在整个小麦成熟期都多雨，因此穗发芽和病害现象非常严重。

该亚区的种植模式通常是一年三熟，通常会在 11 月中下旬播种，小麦会

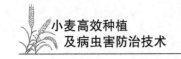
在 3 月中下旬到 4 月上旬成熟。整个亚区主要有 2 个副区，一个是山地丘陵副区，一个是沿海平原副区。需选择在苗期对低温不严格、分蘖力较弱、抗寒性较弱、灌浆期长、休眠期长的春性小麦品种。

不同副区的气候和环境不同，选用的小麦品种也有所不同。例如，山地需要选用红皮、穗上不易发芽且休眠期长的弱冬性小麦品种；丘陵坡地则需要选用耐旱、抗风且抗病的早熟类春性小麦品种；沿海平原主要是麦稻轮作，所以需要选用耐湿性好、抗病的早熟类春性小麦品种。

（三）冬春兼播区

冬春兼播区位于冬（秋播）区和春播区的分界线以西，主要包括新疆、西藏、青海大部、云南和四川北部等，整个冬春兼播区虽主要是高原地势，但却受到山势和江河分割，形成了地势地形差异极大的多种区域，不同区域温度和气候差异极大，很容易对小麦的种植产生影响。

1. 新疆冬春兼播亚区

此亚区主要包括新疆，属于干燥的大陆性气候，雨量稀少但光照极为充足，灌溉多数依靠冰山融化的雪水。整个亚区可以分为北疆副区和南疆副区两个部分。

北疆副区最冷月的平均气温为 –18 ～ –11℃，绝对最低气温极低，能够达到 –44 ～ –33℃，因此整个副区主要在春季播种，通常 4 月上旬播种，8 月上旬收获，生育期约 120 天。因降水量稀少，所以需要选用对光照敏感、耐寒、耐旱、耐霜冻和耐贫瘠的春性小麦品种。

南疆副区最冷月的平均气温为 –12 ～ –6℃，绝对最低气温为 –28℃，以冬季播种小麦为主，通常 9 月播种，来年 7 月底到 8 月初收获，生育期约 280 天。需要选用对光照敏感、分蘖力强、耐寒、耐旱、耐盐、结实性好的强冬性小麦品种。

2. 青藏冬春兼播亚区

此亚区主要包括青海祁连山以南、四川西北部、云南西北、西藏等，该亚区地处高原，光照时间最长，日夜温差非常大，所以小麦的生育期最长，小麦的产量也最高。根据特性可以分为 3 个副区。

（1）环湖盆地副区

该副区主要是青海湖盆地，气候干燥冷凉，盐碱和风沙危害较为严重，因此需要选用强春性小麦品种。

（2）青南藏北副区

该副区主要包括青海南部和西藏北部，其气候干燥多风且寒冷，小麦种植全部靠灌溉给水，气候的恶劣使小麦在生育期很少发生病虫害。需要选用耐春寒、灌浆期长的早熟高产的强春性小麦品种。

（3）川藏高原副区

川藏高原副区地处高原，冬季没有严寒天气，夏季也没有酷暑天气，四季中夏秋雨水较为集中，冬春较干旱，因此小麦种植主要靠灌溉给水。该副区可以冬季播种也可春季播种。冬小麦通常在 9 月下旬播种，生育期为 320～350 天，小麦几乎全年会在田中生长，来年 8 月下旬到 9 月中旬收获；春小麦通常在 3 月下旬到 4 月上旬播种，同样是 8 月下旬到 9 月中旬收获。

冬季播种需要选用耐寒、早熟、丰产且抗锈病的强冬性小麦品种；春季播种则需要选用品质高、抗白秆病、抗锈病的中晚熟的春性小麦品种。

（四）专用小麦栽培区

随着中国经济水平的不断提高，人民的生活水平也在不断提高，饮食习惯开始逐渐向科学现代的方向转变，以小麦为原料的面粉是中国民众的一项主要食品，精致科学的生活饮食习惯开始向小麦原料的质量提出要求，这无疑促进了优质专用小麦的栽培和生产。

专用小麦可以分为 3 类：一类是强筋小麦，其籽粒角质率 70% 以上，籽粒的硬度大且蛋白质含量高，磨成面粉后吸水率高且面筋质量好，面团弹性好且伸拉阻力大，适合生产面包粉等；一类是中筋小麦，其籽粒角质率在 50% 左右，籽粒硬度中等，蛋白质含量中等，面筋含量在 30% 左右，质量也较高，面团延伸性和成品水煮性较佳，是中国需求量最大的一类品种；一类是弱筋小麦，其籽粒角质率低于 30%，籽粒质地松软硬度较低，蛋白质和面筋的含量都较低，比较适合作为糕点和饼干等的原料，但是在生产应用方面不及前两类。

专用小麦的栽培和生产主要有 3 个主区和 10 个亚区。

1. 北方强筋和中筋白粒冬麦区

此专用小麦栽培区主要包括北部冬（秋播）亚区和黄淮冬（秋播）亚区的部分地区，包括河北、河南、山西、山东、陕西，以及江苏北部和安徽北部等。根据不同生态气候此区域可以分为 3 个亚区。

一个是华北北部的强筋亚区，主要包括河北东部和河北中部，年降水量400～600毫米，土壤肥力较高，主要发展强筋小麦。

一个是黄淮北部的强筋和中筋亚区，包括河北南部、河南黄河以北、山东胶东、山东西北部、山西中南部、陕西关中和甘肃天水等，年降水量500～800毫米，土层深厚且肥力较高的地区主要发展强筋小麦，其他地区适宜发展中筋小麦。山东胶东土层深厚且肥力较高，但春夏气温较低且湿度大，所以小麦产量高但蛋白质含量较低，适宜发展中筋小麦。

一个是黄淮南部中筋亚区，主要包括山东南部、河南中部、江苏北部和安徽北部等，年降水量600～900毫米，土壤以潮土为主，肥力不高，所以适宜发展中筋小麦。

2. 南方中筋和弱筋红粒冬麦区

此专用小麦栽培区空气湿度较大，小麦成熟期常伴有阴雨天气，所以比较适宜种植抗穗发芽的红皮小麦，其蛋白质含量较低，所以适宜发展弱筋小麦。不过此区域民众主食为面条与馒头等，因此也需适当发展中筋小麦，可以通过科技手段提高小麦的加工品质和品种品质。根据不同的生态气候此区域也可分3个亚区。

一个是长江中下游亚区，主要包括江苏和安徽的淮河以南，以及湖北大部和河南南部。该亚区年降水量800～1400毫米，在小麦灌浆期雨水较多，土壤质地以黏壤土为主，可以在大部分地区发展中筋小麦，在沿江和沿海等沙质土壤地区发展弱筋小麦。

一个是四川盆地亚区，年降水量1100毫米左右，因常年湿度较大且光照强度不足，土壤以沙质壤土和有机含量低的黄壤土为主。其中，盆地西部土壤肥力较高，适宜发展中筋小麦；丘陵山地土壤肥力较低，小麦产量也较低，可以部分地区发展中筋小麦，部分地区发展弱筋小麦，需注意选用抗穗发芽的品种。

一个是云贵高原亚区，主要包括云南大部、贵州、四川西南部高原地区，平均海拔较高，年降水量800～1000毫米，光照不足且土壤肥力不足，在肥力较高地区可发展中筋小麦，肥力较低地区则适宜发展弱筋小麦。

3. 强筋和中筋春麦区

此专用小麦栽培区涵盖范围较为广泛，包括东北大部、内蒙古、宁夏、甘肃、青海、西藏、新疆等，河西走廊和新疆可以发展白粒强筋和中筋小麦，其他地区适宜发展红粒强筋和中筋春小麦。根据不同的生态气候此区域可分为4

个亚区。

一个是东北春麦亚区，主要包括黑龙江东部和北部、内蒙古东北部，此亚区光照时间长且土壤肥沃，非常有利于小麦中蛋白质的积累，年降水量450～600毫米，在小麦生育后期和收获期降水较多，易引发小麦穗发芽和病害，因此适宜发展红粒强筋和中筋小麦。

一个是北部春麦亚区，主要包括东北大部，以及河北、陕西、山西的春麦区，该亚区年降水量仅250～400毫米，但降雨集中于小麦收获前后，且种植管理较为粗放，比较适宜发展红粒中筋小麦。

一个是西北春麦亚区，主要包括宁夏、新疆和甘肃中西部，此亚区干旱少雨，光照充足且昼夜温差较大，在适宜的灌溉条件下，适合发展白粒强筋小麦，如新疆冬春兼播区。其他地区土壤肥力不均衡，可以在肥力较高的地区发展强筋小麦，在其他地区发展中筋小麦。例如，银宁灌溉区在小麦生育后期易遇高温和降水，所以适宜发展红粒中筋和强筋小麦；甘肃陇中和宁夏西海的土壤较为贫瘠，且气候少雨干旱，小麦的商品率较低，主要用以食用，所以适宜发展白粒中筋小麦。

一个是青藏高原春麦亚区，主要包括西藏和青海的高原春麦区，此亚区海拔较高，昼夜温差大且光照充足，小麦的灌浆期极长但土壤肥力较低，所以小麦的蛋白质含量比其他地区低2%～3%，比较适宜发展红粒中筋和弱筋小麦。中国各播区适用的小麦品种如表1-3所示。

表1-3 中国各播区适用的小麦品种 [1]

适宜播区	生育期 适播期	品种名称	特征和特性	选育单位
黄淮冬（秋播）亚区（南部）	中熟类 10月中下旬	豫麦70	半冬性 中筋小麦	河南省内乡县农业 科学研究所
黄淮冬（秋播）亚区（高肥地）	中熟类 10月中旬	豫麦34	半冬性 强筋小麦	河南省内乡县农业 科学研究所

---

[1] 杨英茹，车艳芳.现代小麦种植与病虫害防治技术［M］.石家庄：河北科学技术出版社，2014：14-34.

续表

适宜播区	生育期 适播期	品种名称	特征和特性	选育单位
黄淮冬（秋播）亚区（南部）、长江中下游秋冬亚区	中早熟类 10月中旬到11月上旬	豫麦9023	春性 强筋小麦	河南省内乡县农业科学研究所
黄淮冬（秋播）亚区（河南、安徽和江苏北部、陕西关中）	中晚熟类 10月上中旬	新麦18	半冬性 中筋小麦	河南省内乡县农业科学研究所
黄淮冬（秋播）亚区（河南、安徽和江苏北部、陕西关中）	中晚熟类 10月上旬到下旬	郑麦004	半冬性 中筋偏粉小麦	河南省内乡县农业科学研究所
黄淮冬（秋播）亚区（河南、安徽和江苏北部、陕西关中）	中熟类 10月中下旬	郑农16	弱春性 强筋小麦	郑州市农林科学研究所
黄淮冬（秋播）亚区（河南中北部、安徽和江苏北部、陕西关中、山东西北部）	中熟类 10月中下旬	周麦18	半冬性 中筋小麦	河南省周口市农业科学院
黄淮冬（秋播）亚区（河南中北部、安徽和江苏北部、陕西关中、山东西南部）	中熟类 10月中下旬	豫农949	弱春性 中筋小麦	河南农业大学
黄淮冬（秋播）亚区（山东、安徽和江苏北部中上等肥力地）	中熟类 10月上中旬	烟农19号	冬性 强筋小麦	山东省烟台市农业科学研究院
黄淮冬（秋播）亚区（北部的山东、河北中部、河南北部）	中熟类 10月上旬	泰山22	半冬性 中筋小麦	山东省泰安市农业科学研究院
黄淮冬（秋播）亚区（北部的山东西南部、河南西北部、河北东南部、山西东南部、陕西渭北旱塬、甘肃天水）	中晚熟类 9月下旬到10月上旬	烟农21	半冬性 中筋小麦	山东省烟台市农业科学研究院
黄淮冬（秋播）亚区（河北中南部高肥力地）	中熟类 10月上旬	石新733	半冬性 中筋小麦	河北省石家庄市小麦新品种新技术研究所

适宜播区	生育期 适播期	品种名称	特征和特性	选育单位
黄淮冬（秋播）亚区（北部的河北中南部、山东中南部、山西南部）	中晚熟类 10月上中旬	衡7228	半冬性中筋偏粉小麦	河北省农林科学院旱作农业研究所
黄淮冬（秋播）亚区（山西、陕西、河北、河南的旱地及旱薄地）	中早熟类 10月上中旬	运早22–23	弱冬性中筋小麦	山西省农业科学院棉花研究所
黄淮冬（秋播）亚区（北部的山西南部中等水肥地）	中早熟类 10月上旬	临优145	冬性强筋小麦	山西省农业科学院小麦研究所
黄淮冬（秋播）亚区（南部的河南中北部、安徽和江苏北部、陕西关中、山东菏泽等中高产水肥地）	中早熟类 10月中下旬	秦农142	弱春性中筋小麦	陕西省宝鸡市农业科学研究所
黄淮冬（秋播）亚区（南部的河南中北部、安徽和江苏北部、陕西关中、山东菏泽等中高产水肥地）	早熟类 10月上中旬	西农979	半冬性中筋小麦	西北农林科技大学
黄淮冬（秋播）亚区（南部的河南中南部、安徽和江苏北部中高产水肥地）	中熟类 10月中下旬	皖麦48号	弱春性弱筋小麦	安徽农业大学
黄淮冬（秋播）亚区（南部的河南中北部、安徽和江苏北部、陕西关中、山东菏泽等中高产水肥地）	中晚熟类 10月中下旬	皖麦52号	半冬性中筋小麦	安徽省宿州市农业科学研究所
黄淮冬（秋播）亚区（南部的河南中部、安徽和江苏北部、陕西关中、山东菏泽）	中熟类 10月上中旬	连麦2号	半冬性中筋小麦	江苏省连云港市农业科学院
黄淮冬（秋播）亚区（南部的河南中北部、安徽和江苏北部、陕西关中、山东菏泽）	中熟类 10月中下旬	徐麦29	弱春性中筋小麦	江苏省徐州市农业科学研究所

续表

适宜播区	生育期 适播期	品种名称	特征和特性	选育单位
黄淮冬（秋播）亚区（北部）、新疆冬春兼播亚区（南部）、北部冬（秋播）亚区（河北中部）	中熟类 10月上旬	石家庄8号	半冬性 中筋小麦	河北省石家庄市农业科学院
北部冬（秋播）亚区（河北中南部、山东、河南北部高中产水肥地）	中晚熟类 10月上中旬	济麦20	半冬性 强筋小麦	山东省农业科学院 作物研究所
北部冬（秋播）亚区（河北中部、北部中等肥力地）	中熟类 10月上旬	中优9507	冬性 强筋小麦	中国农业科学院作物育种栽培研究所
北部冬（秋播）亚区（河北保定以北、山西晋中和晋东南）	中早熟类 9月下旬到10月中旬	京冬8号	半冬性 强筋小麦	北京市农林科学院 作物研究所
北部冬（秋播）亚区（河北北部、山西北部中上等肥力地）	中熟类 10月上旬	京冬12	冬性 中筋小麦	北京杂交小麦工程技术研究中心
北部冬（秋播）亚区（山西中北部、陕西北部、甘肃东北旱地）	中早熟类 9月上旬	长4640	冬性 中筋偏粉小麦	山西省农业科学院 谷子研究所
长江中下游冬（秋播）亚区（安徽和江苏南部、河南信阳、湖北部分地区）	中熟类 10月下旬到11月初	扬麦15	春性 弱筋小麦	江苏省里下河地区农业科学研究所
西南冬（秋播）亚区（四川、贵州、云南、陕西南部）	中熟类 11月上中旬	川农19	春性 中筋小麦	四川农业大学
西南冬（秋播）亚区（四川、贵州、云南、陕西南部、河南南阳、湖北北部）	中熟类 10月下旬到11月上旬	川麦39	春性 中筋、强筋小麦	四川省农业科学院 作物研究所
西南冬（秋播）亚区（四川、贵州、云南、陕西南部、河南南阳、湖北西部）	中早熟类 10月下旬到11月上旬	川麦42	春性 弱筋小麦	四川省农业科学院 作物研究所

适宜播区	生育期 适播期	品种名称	特征和特性	选育单位
西南冬（秋播）亚区（湖北北部）	中熟类 10月中下旬	鄂麦 15	春性 中筋小麦	湖北省襄樊市农业科学研究所
东北春播亚区（辽宁、吉林南部及西北部、内蒙古中部、河北北部的旱肥地）	早熟类 4月上旬	辽春 17 号	春性 强筋小麦	辽宁省农业科学院作物研究所
东北春播亚区（黑龙江西北部、内蒙古北部中等以上肥力地）	晚熟类 4月上中旬	四春 1 号	春性 强筋小麦	吉林省四平市硬红春麦研究所
东北春播亚区（黑龙江中北部、内蒙古东四盟中等肥力地）	晚熟类 4月上中旬	龙辐麦 14	春性 中筋小麦	黑龙江省农业科学作物育种研究所
西北春播亚区（宁夏的中下肥力地、中上肥力地、宁南山区水浇地等）	中熟类 2月下旬到3月中旬	宁春 33	春性 强筋小麦	宁夏回族自治区永宁县小麦育种繁殖所
西北春播亚区（内蒙古河套灌区、宁夏黄河灌区、新疆东南部）	中熟类 3月中旬	巴优 1 号	春性 中筋小麦	内蒙古自治区巴彦淖尔市农业科学研究所
西北春播亚区（青海东部、甘肃河西、宁夏西海固等高原区）	中早熟类 3月上旬到4月上旬	高原 314	春性 中筋小麦	中国科学院西北高原生物研究所
西北春播亚区（甘肃河西和中部）	早熟类 3月中下旬	甘春 20 号	春性 强筋小麦	甘肃农业大学
西北春播亚区（甘肃中部、青海川水、柴达木盆地）	中熟类 3月中旬	高原 205	弱春性 强筋小麦	中国科学院西北高原生物研究所
西北春播亚区（甘肃、宁夏、内蒙古春麦区的高肥力地）、新疆冬春兼播亚区（新疆北疆的高肥力地）	中熟类 2月下旬到3月中旬	永良 15 号	春性 中筋小麦	宁夏回族自治区永宁县小麦研究所

续表

适宜播区	生育期 适播期	品种名称	特征和特性	选育单位
新疆冬春兼播亚区（新疆北疆大部）	早熟类 9月中下旬	新冬 22	冬性 中筋小麦	新疆生产建设兵团农七师农业科学研究所
新疆冬春兼播亚区（新疆北疆春麦区）	早熟类 3月下旬到4月上旬	新春 12	春性 中筋小麦	新疆维吾尔自治区农业科学院
新疆冬春兼播亚区（新疆北疆春麦区）	中早熟类 3月中下旬	新春 21 号	春性 强筋小麦	新疆生产建设兵团农五师农业科学研究所
青藏冬春兼播亚区（川藏高原高水肥地）	中熟类 3月下旬到4月初	藏春 667	春性 弱筋小麦	西藏自治区农牧科学研究院农业研究所
青藏冬春兼播亚区（川藏高原冬麦区）	晚熟类 10月上中旬	藏冬 20 号	强冬性 中筋小麦	西藏自治区农牧科学研究院农业研究所

第三节　小麦的生长过程

　　小麦的生长从种子萌发开始，经历一系列生长发育过程最终产生新的种子，这整个过程就是小麦的一生，而小麦从播种到成熟所经历的天数，也被称为小麦的生育期。不同地域不同气候需要选择种植不同品种的小麦，这就造成中国各地小麦的生育期并不统一。例如，全国范围内不同小麦品种的生育期有90 天、120 天、120 ～ 130 天、180 ～ 200 天、200 天、230 天、260 天、280 天、320 ～ 350 天等，时间差异性和跨度极大。

　　小麦在整个生长过程中均具有两个发育特性，即感温特性和感光特性。还具有 3 个生长阶段，包括：苗期阶段，主要进行营养生长，又称营养生长阶段；中期阶段，是营养生长与生殖生长并进期，又称营养生长与生殖生长阶段；后期阶段，主要进行生殖生长，又称生殖生长阶段。

因为春小麦和冬小麦不同的生长发育条件和不同的生长地气候特性，春小麦按器官形成阶段可划分为 10 个生育时期，分别是出苗期、三叶期、分蘖期、起身期、拔节期、孕穗期、抽穗期、开花期、灌浆期和成熟期。冬小麦则可以划分为 12 个生育时期，分别是出苗期、三叶期、分蘖期、越冬期、返青期、起身期、拔节期、孕穗期、抽穗期、开花期、灌浆期和成熟期。冬小麦比春小麦的生育时期多了越冬期和返青期。

一、小麦的发育特性和生长阶段

（一）小麦的发育特性

小麦的发育特性分别是感温特性和感光特性。

感温特性主要指的是小麦的种子在萌发进入分蘖期后，需要经历一定时间的低温条件才能形成结实的器官，从而为后续生长打下基础，这段时期低温条件对小麦具有决定性作用，这种现象被称为春化现象，完成春化的这段时间则被称为春化阶段。若未经历低温春化，小麦就会停留在分蘖状态无法继续生长，也可以说，春化阶段决定了小麦营养器官的分化能力。

虽然春小麦是在春季进行播种，但这并不意味着春小麦不需经历春化阶段，只是其经历的春化阶段时间较短，所需低温条件并不太明显。根据小麦春化阶段对低温的要求差异性和时间的差异性，小麦被划分为 3 种类型，即冬性小麦、半冬性小麦和春性小麦。

冬性小麦通过春化阶段的时间为 30～50 天，要求的温度较低，一般在 0～5℃。其中，在 0～3℃条件下经过 30 天以上才能够通过春化阶段的品种，属于强冬性小麦品种，若温度过高或过低都会对其产生影响，造成春化阶段延缓乃至无法通过春化阶段，强冬性小麦生育期长、分蘖力强、耐寒性强，苗期植株呈全匍匐状态，多数属于晚熟类型。

半冬性小麦通过春化阶段的时间较短，一般为 10～15 天或 15～35 天，通过春化阶段所要求的温度为 0～7℃，其在 8℃以上的温度下也能通过春化阶段，但最终植株抽穗会较慢。半冬性小麦在苗期植株呈半匍匐状态，耐寒性较强。

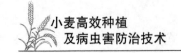

春性小麦通过春化阶段的时间很短，通常 5～15 天即可，要求的温度也较为宽泛，在 0～20℃均可，一般冬（秋播）区的温度要求是 0～12℃，北部春播区的温度要求是 0～20℃。春性小麦多数为早熟类型，分蘖力较弱，苗期植株呈直立状态，耐寒性较差，对温度的反应也不太敏感，即使未经历春化阶段，种子进行春播也能正常抽穗结实，但产量较低。

感光特性主要指的是小麦通过春化阶段后，温度达到需求之后就会进入光照阶段，即以光照时长要求为主的生长阶段。这个阶段以小麦茎的生长锥伸长为标志，光照时长会决定小麦穗部器官的分化和形成。综合前面提到的不同类型小麦，冬性小麦通常在外界温度达到 4℃以上就会进入光照阶段，半冬性小麦则需要外界温度达到 8℃以上才能进入光照阶段，而春性小麦则需要外界温度达到 15℃以上才能进入光照阶段。

（二）小麦的生长阶段

小麦的生长阶段分为 3 个。

第一个是苗期阶段，指的是小麦从出苗期到起身期这一阶段，在此阶段小麦主要进行营养生长，以长根、长叶和分蘖为主。苗期阶段小麦的营养器官将全部分化完成，苗期阶段后期小穗开始进行分化，是培育壮苗争取多穗和壮秆的基础时期。

第二个是中期阶段，指的是小麦从起身期到开花期这一阶段，在此阶段小麦的营养生长和生殖生长并进，既有根、茎、叶的生长，也有麦穗的分化发育。此阶段小麦会长出全部茎叶，小穗也会完成分化，是决定最终小麦产量的关键时期。

第三个是后期阶段，指的是小麦从开花期到成熟期这一阶段，在此阶段小麦发育以籽粒形成、灌浆成熟为主，是小麦的生殖生长阶段。此阶段小麦的根、茎、叶会逐渐停止生长，主要营养会供给结实，是决定小麦结实率、争取穗重和籽粒数的重要时期。

二、小麦的生育时期

冬小麦和春小麦的生育时期有所不同，除了两者经历相同的 10 个生育时期外，冬小麦还比春小麦多 2 个生育时期，因此这里以冬小麦的 12 个生育时期为主进行介绍。

（一）出苗期

出苗期指的是小麦从播种到发芽，直到主茎第一片叶露出胚芽鞘2厘米的时期。

（二）三叶期

三叶期指的是从小麦第一片叶继续生长，到主茎第三片叶伸出2厘米的时期。

（三）分蘖期

分蘖期指的是从小麦主茎继续生长，到第一个分蘖露出叶鞘1.5厘米的时期。在三叶期之前的阶段，小麦生长主要依靠的是胚乳养分，进入分蘖期后会有较多的养分需求。

（四）越冬期（春小麦不经历此生育时期）

越冬期是冬小麦需要经历的生育时期，当外界平均气温稳定在2～4℃以下，小麦植株的地上部分会基本停止生长，通常此时小麦会生长到10厘米左右高度，因为外界温度降低，从而进入类似冬眠的越冬阶段。

（五）返青期（春小麦不经历此生育时期）

返青期指的是冬小麦度过越冬期之后，随着春季来临气温回升，从小麦植株开始恢复生长，类似冬眠苏醒阶段，到主茎心叶的新生部分露出叶鞘1厘米的时期。

（六）起身期

在此阶段之前的麦苗植株通常是匍匐状生长，随着温度提高，植株开始从匍匐状转为向上生长，植株地下部分第一节间开始伸长，这段时期就被称为起身期。

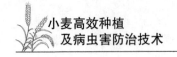
（七）拔节期

拔节期指的是从植株地下第一节间不断生长伸长，到主茎第一伸长的节间长到 2 厘米的时期。这段时期外界气温逐步升高，麦苗的生长速度会加快，茎节间会从下而上伸长，用手触摸接近地面的麦秆能明显感受到突起的节。

（八）孕穗期

孕穗期指的是从小麦植株的茎叶快速生长，到最后一片叶（称为剑叶）展开的时期。这个时期内，穗部会进入分化阶段，麦穗随着节间的伸长而逐渐长出，最终会在剑叶的叶耳处被孕育出来，并使叶鞘逐渐膨大，呈现出纺锤形。

（九）抽穗期

抽穗期指的是从麦穗开始生长，到麦穗的一半露出叶鞘的时期。随着麦秆最后一个节间不断伸长，麦穗的顶部会从剑叶的叶鞘中逐渐伸出。

（十）开花期

开花期指的是从麦穗一半露出叶鞘，到麦穗中上部分的花全部开放，花药露出的时期。通常小麦在抽穗之后 2～6 天就会开花。

（十一）灌浆期

灌浆期指的是开花期之后，从麦穗上开始生长籽粒，到籽粒开始沉积淀粉（即灌浆）的时期。通常小麦会在开花之后 10 天左右开始灌浆。

（十二）成熟期

成熟期指的是籽粒逐渐灌浆完成并变黄，籽粒的胚乳呈现为蜡状，能够被指甲掐断的时期，这个时期也被称为蜡熟期。这时籽粒的重量最高，是最合适的收获期。在这之后籽粒逐渐变硬，直到用手无法搓碎就进入了完熟期。

春小麦的生育时期虽然看似仅比冬小麦少了越冬期和返青期，但其实春小麦的生育时期的特点和冬小麦的生育时期的特点有极大的差异，主要体现在 5 个方面。

一是春小麦的生育期极短，最短的春小麦生育期仅为 90 多天；二是春小麦的营养生长阶段极短，即苗期很短，因为春小麦播种时气温正在快速升高，光照时长也在快速变长，所以快速经过春化阶段后就会直接进入光照阶段，综合起来从出苗期到三叶期通常不足 20 天；三是春小麦的分蘖期很短，从出苗到拔节时间很短，因此春小麦分蘖较少，且分蘖成穗率也很低，这就造成春小麦的产量通常较低；四是春小麦整个生育期较短，苗期也很短，所以根系比较弱且短，进入生育后期阶段容易因为根系吸收肥水能力不足造成脱肥和缺水，最终产生早衰；五是春小麦的穗分化较早，通常在五叶小花阶段就会开始分化，这也是春小麦产量较低的一个主要原因。[①]

三、小麦生长过程中各器官构造和作用

小麦整个生长过程中，主要器官有 7 个，分别是根、茎、叶、分蘖、穗、花和种子。

（一）小麦的根

小麦的根主要由胚根和节根组成，其中胚根也被称为种子根和初生根，节根也被称为永久根和次生根。通常情况下，一棵幼苗有胚根 3 ～ 5 条，最多为 7 条，胚根条数和籽粒大小有一定关系，大粒的种子胚根较多，小粒的种子胚根较少。当幼苗的第一片真叶出现之后，胚根就不再新生。

节根是在幼苗长出 2 ～ 3 片绿叶时，从茎基部节上长出的，并会扎向土壤，后期小麦的分蘖越多节根也越多。

小麦的胚根和节根形成其根系，通常小麦的根系扎入土壤内 100 ～ 130 厘米，最深的可以达到 200 厘米，根系入土越深则小麦的抗旱能力越强，小麦一般有 60% 以上的根系生长在 20 厘米以下深的土层中。其最主要的作用就是从深层土壤之中吸取水分和养分，为小麦的生长和发育提供源源不断的营养。

（二）小麦的茎

小麦通常是成丛生长，会有一个主茎和数个侧茎，侧茎也就是小麦的分

---

① 李青军，赖宁，耿庆龙，等.不同灌溉方式下冬小麦和春小麦施肥现状与评价［J］.新疆农业科学，2016，53（5）：893-900.

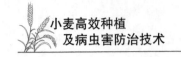

蘖。小麦的茎以节间的形式生长，可以分为地上部分和地下部分，其中地下节间不会伸长，主要构成分蘖节，地上节间会伸长，一般会长出 4 ～ 6 个节间。

小麦的茎不仅是运送根系所吸收营养物质的通道，或将叶片进行光合作用制造的有机营养物质运输到根系和麦穗中，也是植株的支撑器官，可以使小麦的叶片更有规律地进行分布，从而充分接受光照制造营养。另外，小麦的茎还能够贮藏一定的养分，可以供给小麦后期籽粒灌浆。

（三）小麦的叶

小麦的叶共有 12 ～ 13 片，冬小麦通常会在年前长出 6 ～ 7 片，年后茎秆上再长出 6 片。小麦的叶片形状很像带子，其上拥有平行脉，在拔节之后新长出的叶片会比较宽大，其上会有较为明显的叶鞘紧包在节间之外。叶片和叶鞘相连部分的薄膜被称为叶舌，叶片两侧会有叶耳紧包茎秆。

小麦的叶是植株制造有机养料的重要器官，通过光合作用将水和二氧化碳制造成有机物（主要是糖），以供给小麦的根系和籽粒。

在小麦生产实践过程中，最常用到的一个概念就是叶面积系数，即单位土地面积上小麦植株绿叶面积与土地面积的比值，小麦的叶面积系数需要维持在较为合适的范围方能令小麦生长发育更佳，最终实现丰产。

通常在孕穗期叶面积系数最大，以北部冬（秋播）亚区的河北中北部小麦为例，丰产小麦在冬前的叶面积系数通常为 1，返青期叶面积系数为 0.5，起身期叶面积系数为 2，拔节期叶面积系数为 4，孕穗期叶面积系数为 5 ～ 6，灌浆期叶面积系数为 4。通俗来说就是在孕穗期小麦叶面积系数最大时，一亩小麦叶片平铺起来面积应该有五六亩地大小。但叶面积系数并非越大越好，若叶面积系数太大，叶片就会较大，容易出现互相遮阴的现象，从而造成叶片制造的营养物质减少，致使植株茎节间软化而倒伏，非常影响最终的小麦产量。

（四）小麦的分蘖

分蘖指的是小麦和水稻等禾本科作物在地下或近地面的茎基部位所生的分枝，能够最终抽穗结实的被称为有效分蘖，无法抽穗结实的被称为无效分蘖。

通常小麦从出苗到分蘖需要 15 天左右，根据分蘖产生的次序，可以将分蘖划分为不同的级别。其中，小麦出苗后长出 3 片真叶时从胚芽鞘腋间长出的分蘖，被称为胚芽鞘分蘖；第 4 片真叶出现时主茎第一片叶腋芽伸长形成的分蘖，被称为一级分蘖，或分蘖节分蘖；当一级分蘖长出 3 片叶时，从鞘叶腋间长出的分蘖被称为二级分蘖，如果条件适宜，二级分蘖长出 3 片叶后还会生出三级分蘖。

小麦的分蘖并非都可以抽穗结实，以冬小麦为例，通常冬小麦年前发生较早的分蘖会属于有效分蘖，而年后生出的分蘖多属于无效分蘖。综合而言，冬小麦的分蘖有两次高峰。第一次出现在年前，从出苗后开始分蘖，分蘖高峰期会持续 20 天左右；第二次分蘖高峰通常出现在返青期到起身期这个时期，起身期之后分蘖就会逐渐停止。之后分蘖就会出现两极分化，其中较壮较大的分蘖会抽穗结实，较弱较小的分蘖会逐渐死去。

（五）小麦的穗

小麦的每一个麦穗都是由多个小穗组成，约有 12～20 个小穗，也就是说每个麦穗都是一个复穗状的花序，通常小穗分左右两排排列，麦穗上的小穗数量越多，产量就越高。

（六）小麦的花

小麦的每个麦穗上的每个小穗都可以生 3～7 朵花，每朵花外会包裹两个硬壳，其中扣在外面的硬壳被称为外颖，套在里面的硬壳被称为内颖，剥掉外颖后会露出两个鳞被，也被称为浆片，每个浆片里有 3 个雄蕊和 1 个雌蕊，当雌蕊经过授粉受精后，子房就会结成果实，从而最终发育为小麦的籽粒。

（七）小麦的种子

小麦的种子也就是小麦的籽粒，其表面有果皮和种皮联合在一起，这样的种子被称为颖果，其籽粒内部大部分是白色粉状物，即小麦的胚乳，也是小麦主要的贮藏物质。

小麦种子成熟之后会有一段时间不等的休眠期，通常白皮小麦的休眠期较短，红皮小麦的休眠期较长，这也是红皮小麦遭遇雨季却不易出现穗发芽现象的原因。种子需要在休眠期中完成后熟过程，之后会在适宜的温度和水分等条件下发芽生长。

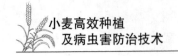
第四节　小麦对生长环境的要求

　　小麦生长发育所必需的环境条件主要有 5 项，分别是土壤、水分、养分、温度和光照，要想在小麦种植过程中取得高产稳产，不仅需要因地制宜选择最契合当地气候的优良小麦品种，还需要通过了解小麦对生长环境的要求进行田间管理，以便创造出最适宜小麦生长发育的环境条件。

一、土壤

　　土壤是作物生长发育的根基与根本，也是承载作物生长所需水分和肥力的主要场所。最适宜小麦生长的土壤需要熟土层较厚、土壤结构良好、养分全面、有机质丰富、氮磷平衡、保水保肥能力强及通透性好。除土壤本身的质量之外，想让小麦达到高产稳产的目的，还要求土地平整，确保排水和灌溉能够顺畅自如，这样才能令小麦生长均匀一致。

二、水分

　　水分在小麦生长发育过程中非常重要，每生产 1 千克小麦，大约需要 1000 ~ 1200 千克水，其中会有 30% ~ 40% 的水分从地面蒸发。在小麦生育期中，绝大多数种植区的自然降水量很难达到小麦的需求，从全国范围平均降水量来看，小麦生育期的自然降水量仅为其需水量的 1/4 左右。

　　因此，需要针对不同地域和种植区的情况，在不同时期进行恰当的灌溉与抗旱保墒，整体来看，小麦在不同的生育时期耗水情况有所不同，主要有以下几个特点。

（一）低耗水量期

　　在小麦播种后到拔节期之前，整个阶段外界环境的温度较低，植株也较矮小，所以地面的水蒸发量较小，植株耗水量也较小，只是该阶段整体时间跨度较大，尤其是冬小麦会跨越整个冬季，因此日耗水量虽然不高，但整体耗水量却占据小麦整个生育期耗水量的 3 成以上，通常能达到 35% ~ 40%。每亩小麦在此阶段的平均日耗水量约为 0.4 立方米。

（二）中耗水量期

从拔节期到抽穗期属于小麦快速生长的阶段，植株的茎叶会逐渐旺盛，因此耗水量会大幅增加，不过整个阶段持续时间并不长，通常仅会持续 25 ～ 30天。在此阶段小麦的耗水量占据整个生育期耗水量的 20% ～ 25%，每亩小麦平均日耗水量约为 2.2 ～ 3.4 立方米，且此阶段是小麦对水需求的临界期，即在此阶段若无法达到小麦的需水量，就会造成严重减产。

（三）高耗水量期

从抽穗期到最终成熟期大约会持续 40 天左右（春小麦会较短），整个阶段耗水量占据小麦整个生育期耗水量的 26% ～ 42%，日耗水量会比前面的阶段略有增加，尤其是在抽穗前后，一是麦穗的生长，二是叶片数量不再增加，茎叶会快速生长，叶片面积会快速增加以便获取更多阳光，植株蒸腾作用加剧导致耗水量大增，平均日耗水量约为 4 立方米。

三、养分

小麦生长发育过程中所必需的养分（营养元素）有十数种，包括碳、氢、氧、氮、磷、钾、硫、钙、镁、铁、硼、锰、铜、锌和钼等，其中碳、氢、氧主要由二氧化碳、水提供，其他养分则主要从土壤中吸收。

在十数种养分中，氮、磷、钾在小麦体内含量较多，也最为重要，是小麦生长发育的营养三要素。除高产田和沙土地之外，一般土壤中不会缺钾，中低产的麦田中，则通常会出现缺氮少磷现象。在小麦种植过程中需要根据不同的土壤特性和产量需求进行适量的科学补充。

（一）氮素

氮素是构成小麦体内叶绿素、蛋白质、各种酶及维生素不可或缺的养分，其不仅能够促成小麦的茎叶生长和分蘖，还能够增加小麦植株的绿色面积，从而增强小麦的光合作用，促进营养物质的合成积累。

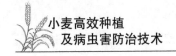
（二）磷素

磷素是小麦体内组成细胞核的重要养分之一，其不仅能够促进小麦根系的发育成长，促进小麦尽早分蘖，提高小麦的抗旱及抗寒能力，还能够在灌浆期加快灌浆过程，促进小麦籽粒快速饱满，增加籽粒数量，帮助籽粒提前成熟。

（三）钾素

钾素可以促进小麦体内碳水化合物的形成及转化，不仅能够提高小麦的抗病、抗旱、抗寒能力，还能够促进小麦茎秆更加粗壮，从而提高抗倒伏能力，另外，还可以提高小麦籽粒的品质。

（四）其他养分

小麦对其他养分的需求量虽然不太高，但这些养分对小麦的生长发育也非常重要，若出现不足会对小麦产生很大的影响。例如，缺钙会使小麦根系停止生长；缺镁会造成小麦生育期推迟；缺铁会造成小麦叶片失绿，从而影响光合作用；缺硼会导致小麦生殖器官发育受阻；缺锌、铜、钼等会导致小麦植株矮小、白化、死亡等。

经研究表明，每生产 100 千克小麦籽粒，需要吸收氮、磷、钾元素分别约为 3 千克、1.5 千克和 2 ～ 4 千克，而且在小麦不同的生育时期其吸收养分的量也会有所不同。通常情况下苗期吸收各养分的量较少，尤其在出苗期和三叶期小麦生长所需养分多数源自胚乳；在小麦进入返青期后吸收各种养分的量会逐渐增加，在拔节期到开花期的扬花阶段（开花时柱头伸出且花粉飞散）吸收养分最多，吸收速度也最快。

通常在扬花之前，小麦吸收钾素的量已经达到最大值，之后逐渐降低；而对氮素和磷素的吸收会在扬花后继续，并直到成熟才会达到吸收最大值。在小麦种植生产过程中，可以依据小麦生育期内对各种养分的不同需求情况进行合理的施肥和管理，最终在提高施肥经济效益的同时，提高小麦的产量和质量。

四、温度和光照要求

（一）温度

小麦在生育期的不同阶段，生长发育所适宜的温度范围也会有所不同，在最适宜的温度范围内，小麦在此阶段的生长速度会最快、发育也会最好，因此不同区域内可以针对小麦不同阶段的温度要求，选择不同的措施来辅助小麦达到最佳生长状态。

从小麦的播种到最终的成熟，所对应的温度要求有所不同。

小麦种子发芽出苗期间，最适宜的生长温度是 15 ～ 20℃。

小麦的根系最为适宜的生长温度是 16 ～ 20℃，当土壤温度低于 2℃和高于 30℃时，根系生长就会受到抑制。

小麦分蘖生长同样受到温度影响，在 2 ～ 4℃时，就会开始分蘖生长，最适宜的生长温度是 13 ～ 18℃，当温度高于 18℃后，分蘖生长就会减慢。

小麦的茎秆是支撑其他器官和叶片的主要器官，通常在 10℃以上时，茎秆开始伸长，在 12 ～ 16℃时能够成长为短矮粗壮的茎秆，既有足够的支撑力也不易倒伏，而在温度高于 20℃后，茎秆就容易徒长，从而造成茎秆软弱易倒伏。

小麦的灌浆期是影响小麦产量的一个重要阶段，其最适宜的灌浆温度是 20 ～ 22℃，若日平均温度高于 25℃，同时又较为干旱或热干风多，就容易造成小麦失水过快从而缩短灌浆过程，最终出现籽粒重量降低、不饱满的现象。

（二）光照

小麦是一种对光照要求较高且比较敏感的作物，光照充足能够促进小麦新器官的形成，可以促进其分蘖增多。在拔节期到抽穗期之间，光照时间较长才能促进小麦正常抽穗和开花；而在开花期到灌浆期之间，充足的光照时长能够保证小麦可以正常授粉，同时能够促进灌浆。若在小麦生长发育期间光照时长不足，就很容易造成小麦减产。

第二章　小麦高效播种管理技术

第一节　小麦播前品种选择及种子处理

小麦种植实现高产稳产，其中一项主要的工作就是选用优良的小麦品种，这是增产的一项基本措施，不需增加投入就能获得更高的产量和更大的经济效益。相同气候环境和生产条件下，选用优良品种能够比普通品种增产10%～30%。另外，要达成增产目标除了选用优良的小麦品种，还需要通过科学的种子处理手段，保证种子的质量优良，使种子达到纯净一致、饱满完整、生命力强、健全且无病虫等要求，之后配合科学的播种管理技术及后续各阶段的管理技术，最终才能实现高产稳产。

一、小麦栽培品种选择

小麦优良品种的选择，首先要明确优良品种应具备怎样的条件，其次根据具体的标准来确定目标品种，最后根据目标品种来筛选范围和确定最终的品种。

（一）优良品种应具备的基本条件

优良的小麦品种必须要具备以下 4 个基本条件。

第一，该品种能够充分利用当地的气候条件和生产条件，最终实现优质丰产。气候条件主要包括当地空气、风量风速、降水量、光照条件和热量条件（温度）等。

其中，最影响品种生态分布的就是热量条件，即当地的温度情况，包括小麦播种后的温度水平、温度的持续时间，以及当地的极端最低温度。冬（秋播）区和春播区的划分，就是依据极端最低温度，通常极端最低温度低于 −24℃归属冬（秋播）区，而极端最低温度高于 −24℃则归属春播区。另外，无霜期长度、年积温、1 月份的平均气温等则会作为选择冬性小麦品种、半冬性小麦品种和春性小麦品种的重要依据。

第二，该品种要能够在当地种植后正常完成其生育期，即冬（秋播）区选择的品种需要完成 12 个生育时期，春播区选择的品种需要完成 10 个生育时期。

第三，该品种要符合当地的种植模式，不论是一年一熟，还是一年两熟、两年三熟或一年三熟，需要保证该品种前后茬的其他作物可以正常播种、生长和发育，不能因为选择更为优质的品种而破坏当地原有的种植模式。

第四，该品种要具备较强的稳定性，能够做到趋利避害，抗逆性要足够好。要考虑到当地的气候特性，选择能够避免被气候特性危害的品种。

（二）确定目标品种的标准

在确定小麦的目标品种时，需要参考一定的标准，主要包括 5 个内容。

一是生态类型，即要根据当地的气候条件，尤其是温度条件，为当地选择冬性、半冬性或春性品种。例如，黑龙江冬季过于寒冷，冬小麦无法安全越冬，因此以春季播种为主，所以在选择小麦品种时适宜选择春性小麦品种。

不同小麦品种的春性强弱、冬性强弱会不同，会在生育期、叶片数量等方面形成极为巨大的差异。例如，春性小麦品种主茎、叶数通常较少，主要原因是其生育期较短，茎秆、根系和叶片的生长发育受到了时间限制；冬性小麦品种主茎、叶数通常较多，主要原因就是生育期较长，各器官的生长发育较为充足。

二是根据当地麦田的生产水平来确定小麦品种的丰产性能。如果当地是旱薄地，就应该选择抗旱及耐贫瘠的小麦品种；如果当地土层深厚且肥力较高，但相对较为干旱，则应该选择抗旱且耐肥的小麦品种；如果当地是肥水条件俱佳的高产田，则应该选择耐肥、抗倒伏的丰产潜力较大的小麦品种。也就是要充分发挥麦田的生产水平，选择最契合的品种，才能实现高产稳产。

三是根据当地的种植模式和栽培制度来选择合适的良种。种植模式对应的是小麦品种的生育期。例如，当地是一年两熟的种植模式，就不要选择生育期过短或过长的小麦品种，选择生育期过短的品种容易造成小麦产量低、品质差，且容易造成田地闲置，而选择生育期过长的品种，则容易影响前后茬作物的种植和生长发育，从而造成经济效益不足。

栽培制度通常体现在不同作物在麦田上的组合与配置方式上，主要是作物布局方式，如单作、间作、混作、套种、复种、轮作、连作等，不同的栽培制度对小麦的生育期和株型有不同的要求。例如，当地主要栽培制度是麦棉套种，那就要求小麦品种适宜晚播、早熟，以此缩短小麦和棉花的共生期，同时还要求小麦植株较矮且株型紧凑，边行优势强，能够充分利用光能。

四是根据当地的自然气候灾害情况来确定小麦品种的抗逆性。小麦的抗逆性包括抗倒伏、抗旱、抗寒、抗病害、抗虫害、抗热干风等方面的能力。

热干风主要指的是小麦在生育后期遭受高温、低湿同时伴随大风的自然灾害，很容易造成小麦大量减产。而且热干风的不同特性还可分为 3 类，分别是高温低湿型（轻型：日最高气温 ≥ 32℃，下午 2 时的风速 ≥ 2 米 / 秒，相对湿度小于 30%；重型：日最高气温为 35℃，下午 2 时的风速 ≥ 3 米 / 秒，相对湿度小于 25%。常见于北方麦区）、雨后热枯型（小麦成熟前 10 天内有降雨，雨后升温 2 ~ 3 天达到日最高气温 30℃以上，有一天风速 ≥ 5 米 / 秒。常见于内陆甘肃、宁夏麦区）、干风型（也称旱风型，空气湿度低，日最高气温在 30℃以下，但风速较大。常见于安徽和江苏北部麦区）。

热干风多发地区选择小麦品种时要选用抗青干、抗早衰类品种；丘陵旱地和盐碱地则应选择抗旱性强的品种；冬春温度不稳定的地区则要选择抗寒性强的品种；易感染病虫害的地区则要选择抗病害、抗虫害品种；干旱且水资源缺乏、风力较大的地区，则要选择抗旱性强、抗倒伏的品种。

五是根据产业带划分因地制宜选择对应的品质类型。虽然品质越高的小麦加工品质越高且售价越高，但小麦品质能否达标还受到气候、土壤、地区生产和消费习惯的影响，所以确定小麦品质类型时不能随心所欲。可以根据《中国小麦品质区划方案》，尽可能地选择对应的品质类型，以期达到最佳的经济效益。

（三）目标品种的最终筛选

确定小麦目标品种的标准后，下一步就需要根据标准进行品种的最终筛选，为避免盲目筛选，可以依据中华人民共和国农业农村部每年都发布的最新《××年农业主导品种和主推技术》来明确选择范围，通常不同麦区所在省份也会对应发布该省的小麦主导品种和主推技术，种植之前可以根据这些信息来筛选最适合的小麦品种。

以上信息可以通过互联网或微信渠道查阅查询，最终可以根据查询结果，结合不同小麦品种的特点和其配套的种植技术，详细分析当地麦田的情况，从而选择表现最佳的小麦品种。若上季选择的品种生产表现良好，也可以继续沿用该品种。此步骤的最终目的就是通过科学筛选来确定种植的小麦品种，以实现最佳的经济效益。

在选择好栽培品种之后制定栽培技术时，需要结合所选小麦品种的生育期特性进行合理的安排。例如，根据地域特征和栽培制度等来确定品种布局，若选择的是冬性小麦品种，比较适宜在早茬地种植；若选择的是半冬性小麦品种，比较适宜在中茬地种植；若选择的是春性小麦品种，比较适宜在晚茬地种植；若所处地区可选择各类品种，则应该首选冬性品种，半冬性品种次之，春性品种最后。

又如，在规划和确定小麦的播种量和密植度时，要注意冬性小麦品种分蘖力很强，播种量要较小，密植度要较低；春性小麦品种的分蘖力较弱，则需要增加播种量和密植度；半冬性小麦品种则处于居中的程度。

再如，针对不同的品种要采取不同的田间管理模式，若种植的是冬性品种或半冬性品种，通常需要跨冬，因此冬季和春季需要合理控制群体，包括植株密度和高度、叶面积系数、分蘖数等，尽量使个体植株与群体协调一致；若种植的是春性品种，当选择跨冬种植时，需注意冬前要加大水肥投入来促进植株低位分蘖的发生，以便提高最终产量。

二、小麦的种子处理

确定小麦的种植目标品种后，在播种之前首要任务就是对小麦的种子进行处理，通常情况下小麦的种子来源有两种：一种是自留种，即上茬小麦收获之后的留种，自留种需要在播种前进行适当的处理，尤其是要针对当地病虫害发生情况进行恰当的处理，严禁白籽播种；另一种是在市场选购种子，要尽量选择符合国家标准且已经经过处理的种子，这样既能减少种植前的准备工作，又能避免因处理种子不当影响后期小麦生长。

具体的国家标准可参照 GB 4401.1—2008 的规定。其中，小麦常规种分为原种和大田用种两类。原种指的是用育种家种子繁殖的第一代至第三代，且经过确认达到规定质量要求的种子；大田用种指的是用原种繁殖的第一代至第三代，或其他杂交种，经过确认达到规定质量要求的种子。其中杂交种可分为 3

类：一类是单交种，即通过两个自交系进行杂交所得的一代种子；一类是双交种，即通过两个单交种进行杂交所得的一代种子；一类是三交种，即通过一个自交系和一个单交种进行杂交所得的一代种子。小麦种子质量要求如表 2-1 所示。

表 2-1　小麦种子质量要求（GB 4401.1—2008）[①]

种子类别		纯度	净度	发芽率	水分
常规种	原种	不低于 99.9%	不低于 99.0%	不低于 85.0%	不高于 13.0%
	大田用种	不低于 99.0%			

若在市场上购买小麦种子，需要注意以下几点内容，以确保种子质量有所保障。首先，要选择合法的种子经营单位购买种子，购买种子前要查看种子的质量和质检报告，必须要选择经过植保部门检疫过的种子；其次，要留存购种凭证，纸质版或电子版均可，即使是通过补贴政策购买的种子也需要留存购种凭证，其上要详细注明品种名称、购种时间和数量、经手人等各个方面内容，同时要加盖有销售种子单位的公章；再次，要选购正规包装的种子，若发现白袋包装可及时举报；最后，尽量购买已经处理过的种子，通过查看处理内容、防治对象等来寻找最契合当地的目标品种，若无法购买到已经处理过的种子，可以根据相关技术部门的指导意见对购买的种子进行对应的处理。具体的处理方式主要有以下几种。

（一）精选

小麦种子的获取通常是在生产之后，其中难免会混有一些杂质，包括沙土、颖壳、草籽，还可能会包括一些空粒、秕子、残破籽粒、病虫籽粒等，为了保证种植效果，在播种前首先要对种子进行精选，通常对种子进行精选不仅可以去除其中杂质，保证种子的品质较为均衡，而且能够增产 5% 左右。

对种子进行精选时可以运用种子精选机，若没有机械条件则可以运用人工精选的方式来进行，包括筛选、风选、液选等。

筛选是根据小麦种子的大小、形状、长短、粗细等，选择一个或多个筛孔

[①]　国家质量监督检验检疫总局，中国国家标准化管理委员会 . 粮食作物种子　第 1 部分：禾谷类：GB 4401.1—2008［S］. 北京：中国标准出版社，2008.

合适的筛子，一来能够筛除种子中的各种非种子杂质，二来能够通过筛子对种子进行分级，最终选择出饱满充实的种子，提高种子的品质。

风选是依托于种子的乘风率来对种子进行分选，乘风率就是种子在气流压力下（风力下）飞越的能力，通常会用种子的横断面积与种子重量比来表示。空瘪种子的乘风率较大，飞越距离较远，充实饱满的种子乘风率较小，飞越距离较近，以前农忙时常见的扬场就属于风选。风选属于一种较为粗糙的精选种子的方式，所以可以结合其他方式加强精选效果。

液选是利用液体浓度将不同轻重的种子分开，常用的液体有多种，包括清水、泥水、盐水、硫酸铵水等，在采用液选方式时需要根据小麦特性来配制适宜浓度的液体。小麦适宜选用浓度116%的液体，配制好液体后可将种子倒入其中，搅匀之后充实饱满的种子会下沉到液体底部，秕粒、小粒、杂草籽、虫蛀粒等会漂浮在液体表面，将表面清理后把底部的大粒种子用清水清洗干净晾干即可。

（二）晒种

通常小麦种子会先进行贮藏，在播种之前才会从贮藏地取出，因为贮藏地干燥缺氧，所以容易使种子进入休眠状态，即种子内部的生理代谢活动非常微弱，适宜保存。

针对这种情况，在进行播种之前需要对种子进行晾晒。一方面，晒种能够的提高种子的内部活性，将其从休眠状态唤醒，提高种子的发芽率和透性；另一方面，晒种通常会运用太阳照射，太阳光中的紫外线拥有很强的杀菌作用，能够有效灭杀种子表皮的虫卵、病菌等。经过晒种后，种子的发芽率和健康度会更高，有利于达到出苗齐、出苗全、出苗壮的效果。

具体做法是在播种前十数天中，选择连续数日天气晴朗、阳光较好的日子将种子铺在防水布或苇席上（不能直接铺在石板、水泥地、沥青路等吸热材料上，易发生高温烫伤种子从而降低发芽率的现象），放置于阳光直射的地方进行晒种。

种子铺设的厚度为5～7厘米，可随时进行翻动，最好连续晒2～3天，夜间可以将种子堆起盖好，第二日再将其平铺开。晒好的种子能够用牙咬响，可以此为标准选择晒种时长。在晒种过程中要注意远离水，同时需注意大风天气，及时对种子进行遮风处理，避免种子被吹散。

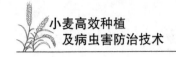
（三）浸种

浸种就是用清水或各种溶液对种子进行浸泡，以便达到促进种子较早发芽、对种子进行消毒的目的。浸种的方式有很多种，包括恒温浸种、变温浸种、石灰水浸种和药剂浸种等。

1. 恒温浸种

恒温浸种也就是温汤浸种，指的是令种子在较为稳定的温汤之中浸泡，以便使种子受热均匀，有效杀灭种子上的虫卵和病菌等。小麦恒温浸种的具体做法是：准备干净且容量适中的容器，放入适量 55℃ 热水，将麦种放入其中进行搅拌，让水温迅速降至 45℃ 然后进行稳定，稳定方法是根据需求不断取出降温水加入热水，令麦种在 45℃ 的温汤中浸泡 3 小时取出，待冷却之后晾干即可。[①]恒温浸种可以有效预防小麦的颖枯病、赤霉病和散黑穗病等。

2. 变温浸种

变温浸种就是通过冷水、温热水交替浸种的方式来达到消毒目的，具体的做法是：准备多个干净且容量适中的容器，其一放置冷水（室温或偏低），其二放 52～55℃ 的温水，其三放 56℃ 的温水。先将麦种放入冷水中浸泡 4～6 小时，捞出之后放入 52～55℃ 温水中浸种 1～2 分钟，令种子温度快速升至 50℃，然后将种子放入 56℃ 的温水中，保持水温 55～56℃，继续浸泡 5 分钟。完成流程后取出种子用凉水冷却，然后进行晾干即可。变温浸种可以有效预防小麦散黑穗病。变温浸种最重要的是严格控制水的温度和浸种时间。

3. 石灰水浸种

石灰水浸种通常可以在室温下进行，此方式运用的是石灰水自身的消毒灭菌能力。具体的做法是：准备干净且容量适中的容器，其中加入水和石灰比例为 100∶1 的石灰水。将麦种放入石灰水中，并令石灰水水面高出种子 10～15 厘米，将种子浸入后不能搅动水面，保持静置进行浸种。

浸种的时间根据室温情况决定。例如，室温达 30℃ 时仅需要浸种 1 天；室温在 25℃ 左右时需浸种 2～3 天；室温在 20℃ 时需浸种 3～5 天。浸泡好的麦种不需要用清水冲洗，只需要捞出摊开晾干即可。石灰水浸种能够有效预防小麦赤霉病、叶枯病、秆黑粉病和散黑穗病等。

---

① 卢丽娟，蒋晴，陈开平，等 . 小麦浸种催芽技术研究［J］. 大麦与谷类科学，2016，33（1）：34-36.

4. 药剂浸种

选择药剂浸种需要因地制宜，可根据当地土壤缺素情况、常见灾害种类和常见病虫害种类等选用不同的浸种药剂。

例如，用浓度为 0.2% ～ 0.4% 的磷酸二氢钾溶液浸种 6 小时，捞出晾干，能够改善小麦在苗期的磷素和钾素营养，可促进小麦根系深扎；用浓度为 0.05% ～ 0.1% 的钼酸铵溶液浸种 12 小时，捞出晾干，能够避免小麦在生育期缺钼素；用浓度为 0.1% ～ 0.2% 的硫酸锌溶液浸种 12 ～ 24 小时，捞出晾干，能够防止小麦在生育期缺锌素；用浓度 0.01% ～ 0.05% 的硼砂溶液浸种 6 ～ 12 小时，捞出晾干，能够防止小麦在生育期缺硼素；用浓度 0.01% 的助壮素溶液浸种 5 ～ 10 小时，捞出晾干，能够令小麦出苗全、出苗壮；用浓度 0.5% 的矮壮素溶液浸种 12 小时，捞出晾干，能够令小麦苗期健壮，提高抗倒伏、抗寒等能力。

对于以上浸种方式，可以根据当地气候情况和所选小麦品种情况进行选择，也可根据自身条件选择有利于控制的浸种方式。

（四）拌种

在播种之前，将种子和农药、菌肥等拌和被称为拌种。拌种时通常选用塑料容器，若种子数量较大可以选择机械拌种，拌种具体方法有 3 个步骤：首先，将种子放置到容器中，根据容器的大小和种子数量来选择拌种次数；其次，将拌种药剂按规定比例兑水，放置到另一个容器中，将其充分搅拌；最后，将配好的溶剂药液倒入盛有小麦种子的容器中，缓慢倒入并不断进行搅拌，促使拌种均匀。拌种完成后将种子置于阴凉处晾干即可进行播种。

拌种前需要根据当地病虫害情况、气候情况来选择最适宜的药剂，有针对性地进行拌种才能够起到事半功倍的效果。根据不同病害，下面介绍几种拌种药剂和方法。

小麦全蚀病是一种对小麦具有毁灭性危害的根部病害，一旦发生就很难用药剂进行防治，所以在播种前运用对应药剂拌种就成了提前防治全蚀病最有效的措施。每 100 千克小麦种子，可以用 200 毫升 12.5% 硅噻菌胺悬浮剂，或 300 毫升 3% 苯醚甲环唑悬浮种衣剂，或 200 克 15% 三唑酮可湿性粉剂，或 200 毫升 12.5% 全蚀净等进行拌种，也可用 200 毫升 12.5% 硅噻菌胺悬浮剂兑水 5 升进行拌种，然后堆闷 6 ～ 12 小时。

小麦黑穗病（包括散黑穗病和腥黑穗病）是花器侵染类病害，通常由带菌种子进行传播，因此在播种前有针对性地处理种子就是防治黑穗病的关键。每100千克小麦种子，可以用100克25%三唑酮可湿性粉剂，或200克50%多菌灵，或200克33%纹霉清，或200克12.5%禾果利等进行拌种，也可用100～150克立克秀2%戊唑醇湿拌种剂加水调成糊状进行拌种。

小麦锈病是小麦的主要病害之一，也被称为黄疸病，一旦感染会给小麦生产造成巨大损失，播种前进行有针对性拌种处理能够非常有效地防治小麦锈病。每100千克小麦种子，可以用30克三唑酮，或120克12.5%特普唑进行拌种，也可用120克25%三唑酮可湿性粉剂进行拌种，然后堆闷1～2小时。

防治小麦白粉病也可以使用药剂拌种，这样能够有效推迟白粉病发病开始期，可以用三唑酮可湿性粉剂或立克秀悬浮种衣剂等，结合防治小麦锈病的方法进行拌种。

可以通过药剂拌种来防治地下害虫对小麦的危害，这样可以有效控制土壤中的蝼蛄、金针虫、蛴螬、蚜虫、灰飞虱等，能在一定程度上减少小麦黄矮病和小麦锈病的发生。每100千克小麦种子，可以用100毫升40%甲基异柳磷乳油进行拌种，也可用200毫升50%辛硫磷乳油等进行拌种，然后堆闷2～3小时。

可以通过药剂拌种来提高小麦的抗逆性，矮壮素是一种植物生长调节剂，能够提高小麦植株的抗寒和抗倒伏能力，同时能提高种子发芽率、控制植株高度、提高植株分蘖力等。每100千克小麦种子，可以用500克50%矮壮素加少量水进行拌种，之后堆闷4小时。

需要注意的是，不同的杀菌剂不宜混用，避免药量过大而产生药害，杀菌剂和杀虫剂混用时也需要注意用量，避免对种子造成伤害，且需要先拌杀虫剂闷种晾干之后再拌杀菌剂，若乳剂和粉剂同用，则应先拌乳剂晾干后再拌粉剂。拌种最好做到随拌随用，即拌种后就进行播种，且播种后尽量保持土壤湿润，以此来发挥药效。小麦常用拌种药剂和方法如表2-2所示。

表 2-2 小麦常用拌种药剂和方法

药剂类型	拌种目标	药剂用量	种子量	拌种方法
植物生长调节剂	促分蘖、加强抗逆性	500 克 50% 矮壮素 +10 升水	100 千克	拌种 + 堆闷 4 小时
	促根、加强抗旱性	500 克抗旱剂 1 号 +10 升水	100 千克	拌种
杀菌剂	防治全蚀病	200 毫升 12.5% 硅噻菌胺悬浮剂 +1 升水	100 千克	拌种
		300 毫升 3% 苯醚甲环唑悬浮种衣剂 +1 升水		
		200 克 15% 三唑酮可湿性粉剂 +1 升水		
		200 毫升 12.5% 全蚀净 +1 升水		
		200 毫升 12.5% 硅噻菌胺悬浮剂 +5 升水	100 千克	拌种 + 堆闷 6 ～ 12 小时
	防治小麦黑穗病	100 克 25% 三唑酮可湿性粉剂 +1 升水	100 千克	拌种
		200 克 50% 多菌灵 +1 升水		
		200 克 33% 纹霉清 +1 升水		
		200 克 12.5% 禾果利 +1 升水		
		100 ～ 150 克立克秀 2% 戊唑醇湿拌种剂 +少量水，调成糊状		
杀菌剂	防治小麦锈病	30 克三唑酮 +1 升水	100 千克	拌种
		120 克 12.5% 特普唑 +1 升水		
		120 克 25% 三唑酮可湿性粉剂 +2 升水	100 千克	拌种 + 堆闷 1 ～ 2 小时
杀虫剂	防治土壤中的蝼蛄、金针虫、蛴螬，兼治早期蚜虫、灰飞虱	100 毫升 40% 甲基异柳磷乳油 +1 升水	100 千克	拌种
		200 毫升 50% 辛硫磷乳油 +3 升水	100 千克	拌种 + 堆闷 2 ～ 3 小时

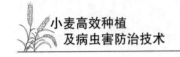

第二节　小麦播前的土壤认识

对于任何作物的生长，土壤都是其扎根生存的基地和基础，作物生长和发育所需要的各种营养物质，包括热量、水分、养分、空气和光照等，除了光照和热量来自太阳之外，水分和养分乃至部分空气都是由土壤提供，也可以说土壤对作物的生命活动有极为重大的影响。因此，在小麦播种之前，必须对麦田的土壤有一个基本的认识。

一、土壤组成和肥力

地球表面坚硬的岩石经过长时间的风化作用，形成母质，然后母质在地形、生物、气候、时间等各因素的作用下，最终发育形成土壤。由于不同地域的气候、生物、地形等因素的作用有所不同，在综合作用之下，形成的土壤类型也会有所不同。

（一）土壤组成

中国的国土范围极广，气候等成土因素也有很大不同，所以形成了具有不同形态特征和特性的各类土壤。通常会将已经被开垦出来进行耕作的土壤称为农业土壤，而未经开发的土壤则属于自然土壤。

虽然土壤形态特征和特性会有所不同，但其组成却大同小异，综合而言，主要由三相物质组成：固体、液体和气体。

固体物质也可称为固相，主要包括矿物质、有机质、多种生物等，其体积约占据土壤总体积的一半。矿物质大约占固相部分质量的95%以上，形成了土壤最核心的"骨架"；有机质主要是各类生物残体和腐败物质，大约占固相部分质量的5%以下，通常会包裹在矿物质表层，是土壤肥力和性状的重要决定因素，可以将其视为土壤的"肌肉"；多种生物指的是土壤中的各种活体生物，其种类极为繁多，包括各种昆虫、蠕虫及各类微生物，尤其微生物数量巨大且作用非凡，是整个土壤生物体系的重要支撑者。

液体物质也可称为液相，主要是指土壤中的水分，其通常是由外部进入土壤之中，如地下水渗透、降水渗透等，其中还包括各类含有溶解物质的稀薄溶液。

气体物质也可称为气相，主要指的是存在于土壤孔隙之间的气体，一部分是外部空气进入，另一部分则是土壤内部产生，如动植物呼吸作用下产生的水汽、二氧化碳等。具体的土壤组成如表2-3所示。

表2-3　土壤组成

三相物质	详细组成		占比（占位）	主作用
固相（固体物质）	矿物质	岩石风化产物。原生矿物（硅酸盐矿物、氧化物类矿物、硫化物类矿物、磷酸盐类矿物等）＋次生矿物（简单盐类、次生氧化物、铝硅酸盐类矿物等）	土壤质量的95%以上	土壤的骨架，作物养分重要供给来源
			土壤容积的38%以上	
	有机质	生物残体＋腐败物质	土壤质量的5%以下	土壤的肌肉，土壤性状和肥力决定因素
			土壤容积的12%左右	
	多种生物	昆虫、蠕虫、原生动物、藻类、微生物（数量巨大，1克土壤数十亿）	依存于土壤粒间孔隙	土壤生物圈及土壤生态调节者
液相（液体物质）	水	地下水、降水（雨、雪）	土壤容积的15%～35%	土壤的血液
	溶液	含有溶解物质的稀薄溶液（包括各种养分）		
气相（气体物质）	外部空气	氮气、氧气等	土壤容积的15%～35%（与液相一共占50%左右）	
	内部生成气体	二氧化碳、水汽等		

土壤中的三相物质，共同构建了一个相互制约又相互联系的体系，不仅为作物的生长发育提供了环境和生活条件，也是土壤肥力的物质基础和承载体，三相物质中液相是最活跃的部分，其运动给予了土壤巨大的活性。

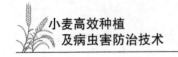
（二）土壤肥力

土壤肥力指的是其不断供应、调节水分、空气、热量、养分的能力，水分、空气、热量和养分是作物生长的四大肥力因素。土壤的肥力高，指的是土壤供给四大肥力的能力强，且调节能力强，这类土壤也被称为肥沃土壤，可以持续不断为作物提供充足却不过量（调节能力的体现）的生长发育需求因素。

作物生产的目标，一是获得作物的高产丰产，二是保持土壤生产力，甚至逐步提高土壤生产力。要做到第二点就需要在作物和土壤环境间保持一个合理的物质循环途径和一个恰当的肥力转化效率。

在作物生产过程中所采取的灌溉、排水、施肥等均属于改变土壤肥力因素的措施。在实施这些措施过程中，若处理较为得当，使得土壤四大肥力因素之间相互协调，体现在作物生产方面就是丰产高产；但若措施处理不当，就可能会令四大肥力因素相互冲突产生矛盾，最终对作物造成巨大影响。所以，只有掌握四大肥力因素之间的动态变化规律和对应关系，才能有针对性地创造条件来避免矛盾，从而实现肥力因素协调统一为作物服务的目标。

1. 土壤中四大肥力因素的关系

土壤四大肥力因素分别是水分、空气、热量和养分，四者之间是相互联系和相互制约的关系，体现在外的主要关系有 3 类。

一类是水分和空气的关系，两者之间的矛盾影响着土壤的热量（温度）和养分。从上面提到的水分和空气存在于土壤中的模式，可以看出水分和空气都依存于土壤的孔隙空间，彼此之间基本是不兼容的状态，即：水分多了空气就少，空气多了水分就少。

对于小麦最主要影响是：当土壤孔隙中水分较少（适度），或水分较多但持续时间较短，则这能够促进土壤中空气的交换和更新，从而有利于作物的根系呼吸和营养运输，对作物的生长有利；当土壤孔隙中水分较多，且持续的时间过长，那么土壤中的空气就无法快速交换和更新，从而氧气消耗得多又得不到补充，就会影响作物根系的呼吸和营养运输，最终对作物产生不利影响。

一类是水分和热量的关系，体现在外的就是水分和温度的关系。水分与热量的矛盾主要是因为水分和空气在土壤中的含量比例，以及土壤中各成分物质对热量的反应（即热容量：物质温度升高或降低 1℃ 吸收或释放的热量）。土壤中的各种物质，水的热容量最大，而空气的热容量最小，水的热容量约为空气热容量的 3000 倍，水的传热力则是空气传热力的 30 倍。

水和空气热容量及传热力的巨大差距，使得土壤中水分含量和空气含量的比例对土壤热量影响极为巨大。例如，土壤中水分含量较多（空气少），那么土壤升温就慢，土壤温度的变化就较为平稳，地温就会偏低；而如果土壤中水分含量较少（空气多），那么土壤升温降温就快，地温提升就容易，降低也容易。

一类是土壤中水分、空气、热量与养分的关系，土壤中水、气、热条件的变化，会使土壤中微生物群体的种类、生物化学活性、养分积累和释放等都产生对应的变化。当土壤热量减少，温度降低时，土壤中微生物的生物化学活性就会减弱。而在常温状态下，当土壤水分占据最大持水量的60%～80%时（土壤容量的21%～28%），微生物之中好氧微生物活动会比较旺盛，能够加速土壤中潜在养分的转化。当土壤中湿度过大时，空气就会减少，微生物对有机质的分解就会转化为厌氧分解，土壤养分就不会增加。综合而言，只有土壤中温度、水分和空气的状况对好氧微生物较为适宜时，才最适合养分的积累。

从上述各种关系的分析，可以知道通过对土壤中水分、空气、热量条件的控制和改变，能够在一定程度上引导土壤养分含量的增减，同时通过协调土壤中四大肥力因素的关系，也能够整体调整土壤中的肥力状况，从而为作物的生产发育提供最便利的条件。

2. 影响土壤肥力的关键因素

影响土壤肥力的因素主要有 4 项。

第一项就是养分，即土壤的矿物质和有机质的组成和比例，从作物生产所需来看，主要指的是土壤中氮、磷、钾 3 个要素的含量和其有效性。含量是土壤贮藏能力的体现，并不会直接影响土壤向作物提供养分的能力，养分的有效性才是土壤供给养分能力的关键因素。

综合来看，中国土壤中氮、磷、钾 3 个要素的含量均是北方较高、南方较低，且呈现出从南到北递增的状态。

其中，氮素在土壤中的含量变动区间为 0.05%～0.25%。东北地区土壤平均含氮量最高，为 0.15%～0.35%；西北黄土高原和华北平原土壤平均含氮量为 0.05%～0.1%；华中和华南地区土壤平均含氮量变动较大，为0.04%～0.18%。若条件基本相近，水田的含氮量通常高于旱田。

磷素在土壤中的含量变动区间为 0.02% ～ 0.11%，其中，多数磷素是无机状态，大约占据 50% ～ 70%，另外的 30% ～ 50% 磷素以有机磷形态存在。北方土壤磷素平均含量较高，主要成分是磷酸钙盐，东北土壤磷素含量为 0.06% ～ 0.15%；南方土壤磷素平均含量较低，主要成分是磷酸铁盐或磷酸铝盐等，磷素含量为 0.01% ～ 0.03%。

钾素在土壤中全部是以无机形态存在，且数量远远高于氮素和磷素。钾素在土壤中的含量同样是北方较高、南方较低。其中，北方东北、西北、华北等土壤钾素含量在 1.7% 左右，而华中和华东地区土壤钾素平均含量为 0.9%，南方包括华南等土壤钾素平均含量仅为 0.4% 左右。

第二项是物理因素，即土壤质地、结构、水分、温度、孔隙度等，这些物理因素决定了土壤的含氧量、通气状况、氧化还原能力等，会对土壤养分的存在状态、水分性质、养分转化速率、水分运行规律、作物根系生长活动情况等产生影响。

第三项则是化学因素，包括土壤的酸碱度、含盐量、还原性物质含量、阳离子的吸附能力和交换能力、有毒物质含量等，这些会影响土壤养分的转化和释放，同时也会影响养分的有效性。

第四项是生物因素，主要指的是土壤微生物群落的生态情况和生理活性等，微生物群落对土壤的影响包含多个方面。例如，微生物可以通过对腐殖质的分解合成，来增加土壤有机质的含量，从而改变土壤有机质和矿物质比例，提高土壤的保水性和保肥性；微生物活跃能够促进土壤有机质的矿化作用，从而提高土壤中有效氮素、磷素、硫素的含量；微生物能够进行生物固氮，提高土壤中有效氮素的来源。

综合来看，土壤肥力的保持和提高，需要通过对以上 4 项因素的调整来完成。例如，通过对土壤养分贮藏情况和容量的了解，有针对性地去补充氮素、磷素、钾素的含量，以确保均衡；然后通过手段对土壤的物理因素进行调控，可以通过深耕来提高土壤的通气状况，也可通过水肥管理来调整土壤的水分和温度等；再之后可以结合土壤的化学因素，通过对土壤微生物群落的调整和管理，来提高土壤对养分的转化能力，加强土壤养分的有效性。只有通过这种养地和用地相结合的方式，才能够避免土壤肥力衰退，甚至能够逐步提高土壤的肥力水平，最终达成小麦丰产稳产。

二、土壤的质地和土层特征

土壤的主要骨架是矿物质，这些矿物质是岩石经过风化作用形成的各种大小不同的矿物颗粒，因其大小有所不同，所以性质也会有所不同。通常可以将土壤矿物颗粒划分为 3 种粒级，分别是砂粒（直径 0.02 ～ 2 毫米）、粉粒（直径 0.002 ～ 0.02 毫米）、黏粒（直径小于 0.002 毫米）。通常情况下，土粒越粗其中石英（二氧化硅）含量越多，作物可用养分越少；土粒越细则石英含量越少，而云母和角闪石等富含铁、铝、钙、镁、磷、钾氧化物的物质越多，其中作物可用养分也越多。整体来看就是土壤越细养分越高。

（一）土壤的质地

自然界土壤全部是由多种粒级的土粒混合组成，只是不同的土壤所含的各粒级土粒的比例有所差异，反映土壤中各种粒级土粒所占比例和土壤性质的数据就是土壤的质地。整体来看，土壤的质地可以分为三大类，分别是砂土、壤土和黏土，其中，砂土中砂粒含量最多，黏土中黏粒含量最多，而壤土则是各粒级土粒含量比例差不多。

土壤的质地是土壤的基本性状之一，对土壤的透气性、透水性、保水性、保肥性、导热性、耕性等具有决定性作用。土壤质地的分类标准有多种，包括国际制标准、卡庆斯基制标准、中国制标准、美国制标准等。其中，国际制对土壤颗粒的大小是按十进制划分。例如，直径大于 2 毫米的称为石砾，直径 0.2 ～ 2 毫米的称为粗砂粒，直径 0.02 ～ 0.2 毫米的称为细砂粒。卡庆斯基制则主要将引起土壤持水量、膨胀收缩性、阳离子交换量产生急剧变化的 0.01 毫米和 0.001 毫米粒径作为划分界限。例如，直径在 0.5 ～ 1 毫米的称为粗砂粒，直径在 0.25 ～ 0.5 毫米的称为中砂粒，直径在 0.05 ～ 0.25 毫米的称为细砂粒等。不同制土壤质地分类标准[①]如表 2-4 至表 2-6 所示。

---

① 吴克宁，赵瑞. 土壤质地分类及其在我国应用探讨 [J]. 土壤学报，2019，56（1）：227-241.

表 2-4　国际制土壤质地分类标准

质地		黏粒（<0.002 毫米）	粉粒（0.002～0.02 毫米）	砂粒（0.02～2 毫米）
砂土	砂土及壤质砂土	0%～15%	0%～15%	85%～100%
壤土	砂质壤土	0%～15%	0%～45%	55%～85%
	壤土	0%～15%	35%～45%	40%～55%
	粉砂质壤土	0%～15%	45%～100%	0%～55%
黏壤土	砂质黏壤土	15%～25%	0%～30%	55%～85%
	黏壤土	15%～25%	20%～45%	30%～55%
	粉砂质黏壤土	15%～25%	45%～85%	0%～40%
黏土	砂质黏土	25%～45%	0%～20%	55%～75%
	壤质黏土	25%～45%	0%～45%	10%～55%
	粉砂质黏土	25%～45%	45%～75%	0%～30%
	黏土	45%～65%	0%～35%	0%～55%
	重黏土	65%～100%	0%～35%	0%～35%

表 2-5　卡庆斯基制土壤质地分类标准

质地		物理性黏粒（<0.01 毫米）			物理性砂粒（>0.01 毫米）		
类别	质地名	灰化土类	草原土及红黄壤类	碱化及强碱化土类	灰化土类	草原土及红黄壤类	碱化及强碱化土类
砂土	松砂土	0%～5%	0%～5%	0%～5%	100%～95%	100%～95%	100%～95%
	紧砂土	5%～10%	5%～10%	5%～10%	95%～90%	95%～90%	95%～90%
壤土	砂壤土	10%～20%	10%～20%	10%～15%	90%～80%	90%～80%	90%～85%
	轻壤土	20%～30%	20%～30%	15%～20%	80%～70%	80%～70%	85%～80%

质地		物理性黏粒（<0.01 毫米）			物理性砂粒（>0.01 毫米）		
类别	质地名	灰化土类	草原土及红黄壤类	碱化及强碱化土类	灰化土类	草原土及红黄壤类	碱化及强碱化土类
壤土	中壤土	30%～40%	30%～45%	20%～30%	70%～60%	70%～55%	80%～70%
	重壤土	40%～50%	45%～60%	30%～40%	60%～50%	55%～40%	70%～60%
黏土	轻黏土	50%～65%	60%～75%	40%～50%	50%～35%	40%～25%	60%～50%
	中黏土	65%～80%	75%～85%	50%～65%	35%～20%	25%～15%	50%～35%
	重黏土	>80%	>85%	>65%	<20%	<15%	<35%

表 2-6 中国制土壤质地分类标准（1985 年）

质地		颗粒组成		
类别	质地名	细黏粒（<0.01 毫米）	粗粉粒（0.01～0.05 毫米）	砂粒（0.05～1 毫米）
砂土	极重砂土	<30%	—	>80%
	重砂土			70%～80%
	中砂土			60%～70%
	轻砂土			50%～60%
壤土	砂粉土	<30%	≥40%	≥20%
	粉土			<20%
	砂壤土		<40%	≥20%
	壤土			<20%
黏土	轻黏土	30%～35%	—	—
	中黏土	35%～40%		
	重黏土	40%～60%		
	极重黏土	>60%		

砂土类土壤的特点有以下几个：一是透气性和透水性好，但保水性差，所以土壤抗旱能力较差；二是其养分含量较少，保肥性差，但对应的施肥见效较快，有机质分解迅速，同样养分也容易流失，所以每次施肥不宜过多；三是土壤温度变化幅度较大，因保水性差所以升温降温都比较容易，早春土壤的温度回升快，比较有利于作物生长发育，也有热性土之称；四是土质较为松软，所以耕作性较好，耕作也更加省力，比较适宜长期耕作；五是其有利于培育作物幼苗，幼苗出苗全、齐、早，但因养分容易流失所以作物后期易脱肥，从而出现早衰、早熟；六是其中积累的毒性物质较少，易随水分流失。

黏土类土壤的特点和砂土类相反：一是通透性较差，保水性能良好，但土壤的排水经常不畅，所以易发生涝灾；二是其养分含量较高，保肥性能良好，肥效很长，有机质分解速度缓慢，施肥之后养分容易被土壤留存，之后可以逐步释放给作物吸收；三是土壤保温性好，土壤温度变化幅度较小，早春回温速度慢，从而不利于作物生长，也有冷性土之称；四是土质较黏较硬，所以耕作性差，湿润时容易黏犁，干旱时很坚硬所以不易耕作；五是土质紧实且黏重，通透性差，所以对作物幼苗的生长发育不利，早春播种后作物出苗慢且苗势弱，容易缺苗断垄，但有利于作物后期生长，从而利于提高产量；六是黏性过大，容易积累毒性物质，通常会影响作物生长。

壤土类土壤的砂粒含量和黏粒含量适中，因此也被称为二合土，兼具了砂土和黏土的优点。其透气性和透水性、保水性和保温性、保肥性和耕作性等都较为适宜作物生长发育，有助于作物苗期生长壮苗，也能够在作物生育后期为其提供充足的养分，所以是农业生产上最理想的土壤质地。

（二）土壤质地的测定

土壤质地的测定最常用也最简单的方法就是手测法，其中，有干测和湿测两种方法。

1. 干测法

干测就是拿一块玉米粒大小的干土壤块，用拇指和食指将其捏碎，根据捏碎时指压的感觉和用力的大小来判断土壤质地。

通常，砂土的土块能够非常轻松地被捏碎，其中的砂粒清晰可见，且用手捻会感觉粗糙刺手，同时会发出清脆的嚓嚓声响。

砂壤土的土块只需要用很小的力就可以捏碎。

轻壤土的土块捏碎需要进行挤压，捏碎后用手捻会有粗面的感觉。

中壤土的土块需要用较大的力气才能捏碎，捏压时手指有较大的反馈感。

重壤土的土块因为黏粒较多、砂粒较少，所以干土块需要用很大的力气才能捏碎，捏压时甚至能感到手指疼痛。

黏土的土块非常硬，通常仅用两根手指无法捏碎。

2. 湿测法

湿测是取手指肚大小的一块土捏碎，然后去除其中的杂质，加入适量水，令土湿润且没有复粒为宜，然后用手指捻磨，根据湿土能否成片、成球、成条及弯曲断裂的情况来判断土壤质地。

通常，砂土无法被揉成球形，虽然能够将土捏成团，但碰触就会散落，无法形成土片。

砂壤土能够勉强形成短而厚的土片，同时能够被揉成表面不光滑的土球，但无法成条。

轻壤土可以被捏成较长的土片，通常土片长度无法超过 1 厘米，可以被搓成直径 3 毫米的土条，但提起土条就会断裂。

中壤土则能够被捏成表面平整但无反光的土片，长度可超过 1 厘米，可以被搓成直径 3 毫米的土条，并可以进行弯曲，但围成 2 ～ 3 厘米的小圈，就会出现裂缝并断裂。

重壤土可以被捏成表面光滑且有弱反光的长土片，可以被搓成 2 毫米直径的土条，且围成 2 ～ 3 厘米的小圈，不会出现裂缝，但轻微挤压小圈就会出现裂缝。

黏土能够被捏成表面光滑且有强反光的长土片，可以被搓成 2 毫米直径土条，围成 2 厘米小圈后，挤压也不会出现裂缝。

通过以上测定方式，能够大体测出土壤的质地，从而可以制订有针对性的栽培计划和选用适宜的种植技术。

（三）土壤的土层特征

土壤的质地对作物种植影响极大，但随着耕作、施肥、灌溉等的影响，农业土壤会形成与自然土壤完全不同的层次和特征，这就是土壤的土层特征。了解土壤的土层特征对作物种植有非常重要的作用。

通常可以运用铁锹将土壤垂直下挖 50 厘米以上，以此来观察土壤的土层特征。

土壤的最上层是耕作层，通常其厚度为 15 ～ 20 厘米，常年的耕作等农业

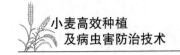

活动使得耕作层土壤颜色较深，其中有机质含量也较高，土壤较为疏松且通透性好，是作物根系分布最多的土层。

耕作层还可以细分为3个土层。最上是表土层，厚度约3厘米，其暴露于自然环境中，所以受气候影响最大，作为耕作层最上层，表土层需要保持结构疏松且拥有一定粗糙度，要避免土粒过细形成板结从而封闭土壤，土粒过细容易使土壤盐碱化；表土层之下是播种层，也被称为种床层，厚度约5～7厘米，是作物种子生根发芽的主土层，通常播种层需要比较坚实且孔隙发达，以便从下层吸收水分，同时通过表土层通气，确保种子能够发芽并扎根；播种层之下是稳定层，也被称为根床层，距离地面一般10厘米左右，厚度约10～15厘米，这是作物根系吸收养分和水分的伸展层，稳定层容重通常要比播种层小，水肥要比较充足，同时透气性较好，该土层对作物影响最大，也最重要。

耕作层之下是犁底层，厚度约为6～8厘米，因常年受到上方农业活动的压力，同时又承载了上方土层黏粒的下移沉淀，所以会更加紧实，通常通透性较差。犁底层虽然薄厚不均，但会影响作物根系的延伸和对养分及水分的吸收，所以，可以有针对性地进行深耕来消除犁底层。

犁底层之下是心土层，厚度约为30～50厘米，受上方生产活动的影响较小，不过对作物生育中后期的水肥供应有重要作用，若心土层土质是砂土，就要保留其上方的犁底层，便于保水保肥，避免消除犁底层后水肥快速渗漏影响作物生长发育。

心土层之下是底土层，也被称为生土层，几乎不会受到生产活动影响，因此，多数会保持自然土壤的质地和性状。

在从事作物生产过程中，需要根据当地土壤的质地和土层特征，有针对性地制订栽培计划，以便发挥出土壤最大的水肥效用。同时，可以根据土壤的质地和土层特征，运用科学的方法逐步改善土壤，令其质地向壤土靠拢，更适宜种植各种作物。

第三节　小麦播前整地管理及设施准备

种植任何作物时想获得更高的产量，并且保证土壤的耕作性更加持久甚至不断提高，就需要针对不同的作物进行不同的播前整地管理和设施准备，一来是为作物创造更好的生长发育环境和条件，二来则是为了保证土壤的耕作性，为下茬作物提供生长发育的基础。

一、小麦播前整地管理

对麦田进行播前整地管理，是协调土壤水、肥、气、热状况，在一定程度上提高土壤肥力并满足作物营养需求的重要措施。整地，也被称为耕作整地，其目的是通过机械的物理作用，调节耕作层内部土壤位置、优化土壤的表面状态、保障土壤松紧度等，令麦田土壤能够拥有良好的耕作层构造、孔隙度、通透性等。

（一）土壤在作物生产过程中的主要变化

麦田土壤在种植作物的过程中，会因为各个方面的作用，包括灌溉、作物扎根、施肥等，出现很大的变化，这些变化主要包括4个方面。

一是土壤的松紧度和孔隙度会发生变化。通常土壤的耕作层会在种植过程中下沉变紧，从而造成土壤的总孔隙减少。其中，大孔隙占据总孔隙的比例会不断降低，而毛管孔隙会不断增加，最终使土壤的容重变大。土壤过于紧实，大孔隙变少，会使土壤的透气性变差，从而造成水分和空气不协调，很容易影响土壤中微生物群落的状态，也会影响土壤养分的有效性。

二是土壤容重会发生变化。土壤容重就是将一定容积的土壤烘干后质量与原体积的比值，容重越大，土壤的机械阻力就越大，从而就越容易影响作物根系的生长。通常当土壤容重在1.6～1.7克／立方米时，根系将无法穿入，当容重在1.4克／立方米以上时，作物的根系生长会受到很大影响。因此，在种植作物过程中，要根据不同的土壤质地和不同作物的需求，每隔一段时间就对土壤进行耕作，以确保土壤疏松、孔隙多，提高土壤通透性，促进作物根系的生长发育。

三是耕作层的深浅会发生变化。任何作物地上部分的生长发育都与地下部分根系的生长发育有巨大关系，通常根系更深的植株会更加健壮，产量更高，根系浅的植株会较为弱小，产量较低。土壤更加疏松，耕作层更加深厚，就更有利于作物根系的生长发育。

四是种植作物过程中土壤中的营养会减少，病虫害和有毒物质会逐渐积

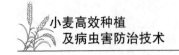

累。若不处理，很容易造成下一茬作物遭受危害。

播前整地就是通过耕翻土壤来促使耕作层的土壤上下翻转，促使土层位置发生改变，土壤孔隙增加，最终让土壤更加疏松、养分更加均衡，消灭杂草及病虫害，减少土壤有毒物质，以便土壤能够更好地培育下一茬作物。

（二）小麦播前整地要求

小麦的根系比较发达，通常其根系有70%左右会集中在距离地表10～30厘米的耕作层之中，因此，小麦播前整地的基本要求就是深耕整地。综合概括，小麦播前整地有5个要求。

一是深耕整地，可以根据麦田情况，在原有种植基础上逐年提高耕地的深度。一般麦田可以3年为一轮，以2年浅耕、1年深耕的模式进行深耕整地，浅耕时可距离地表16～20厘米，深耕时则可以达到25～33厘米。也可以每年加深一点，但不能加深过多，以防将大量生土翻出，这很容易对小麦生长发育造成影响。

二是整地要通透，做到耕作均匀，不漏耕且不漏耙，土壤耕作的深度要均匀且修整要均匀，保证整片麦田耕作完成后土壤结构和情况较为统一，这样才能利于小麦均衡增产。

三是整地要扎实，即耕地的下层没有架空和暗堡等，整个耕作层土壤扎实统一，这样才能够令播种深浅统一、出苗整齐，如果深耕整地后土壤过于疏松，则需要在播种前进行镇压或浇塌墒水，避免土壤不扎实跑墒。

四是整地的表层土壤要细腻，即深耕整地时要将土块耙碎耙细，保证表层土壤没有明暗的土块，这样才能保证小麦幼苗能够健康苗壮生长。因为小麦幼芽顶土的能力较弱，若表层土壤土块过多，就容易使小麦幼芽无法出苗，最终造成缺苗断垄。

五是整地要平整，即深耕整地过程中要做到深耕之前粗略平整、深耕之后再次平整、做畦之后细化平地，令土壤的耕作层深浅一致。保证土壤耕作层平整才能保证浇水更加均匀且用水均衡，才能保证播种的深浅更加统一且出苗更整齐。通常麦田整地后坡降不能超过0.3%，畦内的坡度起伏不能超过3厘米。

（三）小麦播前整地基本环节

小麦的播前整地共分两个基本环节，首先是初级耕作，属于深耕的主要环节。其次是表土耕作，也被称为次级耕作，属于耕作强度较小的浅耕环节。

1. 初级耕作（深耕环节）

初级耕作通常入土较深，能够非常显著地改变土壤的结构、性状，因此作用持久且强烈。初级耕作主要有 3 种耕作模式，分别是翻耕、深松耕和旋耕，所用机械有所不同。其中，翻耕主要工具是壁犁（即铧犁）、圆盘犁等，能够先切入土垡再将土垡抬起上升，最后使垡片破碎翻转；深松耕的主要工具是无壁犁（或靴式犁）、凿形铲（或铧形铲）等，其中无壁犁（或靴式犁）是全田深松，而凿形铲（或铧形铲）是间隔深松；旋耕的主要工具是旋耕机。

（1）翻耕

翻耕的主要作用是将原耕作层的土层翻到下层，将下层土壤翻到上层，另外就是能够将原本紧实的耕作层疏松，还可以起到碎土的作用，可有效改善土壤的结构。翻耕会令土壤更加疏松，能够有效增加土壤的通透性，可以将深埋的作物根茬、化肥和绿肥等翻出拌匀，有利于提高土壤肥力和防治病虫害。不过翻耕之后土壤容易挥发水分，所以缺水地区不宜采用翻耕的深耕方法。

翻耕运用不同的工具，犁壁形状也会有所不同，所以起到的效果也会有所不同。例如，螺旋式犁壁属于全翻垡，其扭曲度较大，能够将土垡片翻转 180°，从而令耕作层上下层土壤完全颠倒，不过相对而言，碎土能力稍差且耗费动力大，比较适合开荒；熟地用犁壁能够将土垡片翻转 135°，可以让翻出的垡片呈瓦片覆盖模式相叠，属于半翻垡，容易令垡片覆盖不严，可在犁壁后加延长板促使垡片翻转更加均匀；复式犁则属于复合垡，能够分上下层将土壤分层翻转，可以令底土细碎而不架空，通常需要在主犁铧前方再加装一个小铧，从而保证分层翻转土壤。

翻耕的最佳时期是小麦的前茬作物收获之后，土壤含水量在田间持水量的 40% ～ 60% 时（土壤容量的 14% ～ 21%）。不过，翻耕的深度越深，耕作效率越差，成本也会越高，通常比较适宜的机耕深度为 20 ～ 22 厘米，同时其易造成土壤失墒，所以干旱、多风、高湿地区都不宜深耕。

（2）深松耕

深松耕最大的作用是松土，其优点主要有 4 个：一是能够分层进行松耕，从而保证土层不会发生位置变动，可以通过安装不同深度的松土铲，设定不同的松耕深度；二是可以将不同深度的松耕分散在不同的时期进行，能避免深耕作业时间过分集中，能够起到耕种结合和耕管结合的作用；三是可以选用间隔

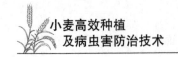
松耕来做到虚实并存，不仅能够节省动力和成本，还能够保证土壤深耕效果；四是可以保证不乱土层，因此能够令表层保持残茬覆盖，可有效防止土壤水分的流失和防止风对土层的侵蚀，同时在雨水较多的时期能够保存和吸收水分，起到防旱防涝的作用。

深松耕优点是保证土层不发生位置变动，同时这也是其最大的缺点，即无法翻埋肥料、残茬和杂草等，容易令土层表面粗糙、不细腻。根据其特性，最适宜运用深松耕的地区是干旱和半干旱地区，尤其是耕作层土壤较贫瘠且不宜深耕的盐碱地等，可保证脱盐土层位置不发生变动，从而减少盐碱对作物的危害。

深松耕的耕作深度能够达到 30 厘米以上，最深可以达到 50 厘米，可以根据不同地区的土壤特性和作物特性，调整松土铲的深度来耕作最适宜的土层。

（3）旋耕

旋耕最主要的是综合性作用，其能够在松动土壤的同时，切碎残茬、杂草和秸秆等，同时还能将打碎的残茬等与土壤进行混合，还可以进行碎土。整体而言，成本较低且能节省耕作时间。

旋耕作业效率较高，水田和旱田均能够运用旋耕机，且完成深耕之后地面松碎平整。不过其缺点是耕作的深度较浅，通常仅能达到 10～15 厘米深度，所以，常年仅用旋耕容易使土壤的耕作层变浅，也无法孕养土壤肥力。

最佳的做法是采用旋耕和翻耕轮换的方式，发挥出翻耕的耕作深度深且效用长的优势，也发挥出旋耕效率高且成本低的优势。例如，可采用一年翻耕、两年旋耕或一年一轮的方式，在保证优化土壤结构的同时提高深耕效率。

2. 表土耕作（浅耕环节）

完成深耕环节后，还需要进行表土耕作，其特点是入土较浅、强度较小，最大的作用是破碎土壤浅层的土块，起到平整土地、清理残茬、消灭杂草的作用。通常表土耕作的深度不会超过 10 厘米，其能够完善深耕之后的土壤状态，如破碎土块、平整地表、减少土壤散墒等，同时也能够在作物种植过程中破除灌溉或降雨造成的土层板结，提高土壤通透性。[①]

①　杨立国.小麦种植技术［M］.石家庄：河北科学技术出版社，2016：54-60.

表土耕作主要有 5 个环节。一是耙地，可以在翻耕之后、收获之后、播种之前、播种之后出苗前、幼苗期等各个环节进行，通常耙地深度为 5 厘米左右。在收获后耙地能够灭除杂草和消除残茬；翻耕后耙地能够平整土壤表层且破碎土块，同时能够令表层下土壤沉实，避免架空，形成上虚下实的耕作层；其他时期的耙地主要是为了松碎表土，提高土壤通透性。

二是镇压，作用是压紧耕作层和压碎土块。通常作用深度为 3～4 厘米，主要应用于半干旱地区和半湿润地区，尤其当播种前或耙地后土块较多时最为适用。镇压不仅能够压实耕作层，还能保证地面呈现出疏松状态。镇压时需要保证土壤不过湿，防止镇压后形成结块或表层结皮。镇压之后必须要进行耱地来疏松土壤表层。

三是耱地，也被称为耢地和擦地。通常用于干旱地区和半干旱地区，主要目的是细碎土块、平整土表。耱地仅作用于浅表土，深度在 3 厘米左右，可以起到碎土、轻压、平地等作用，能够在土壤表层形成一层细腻土层以促成保墒。

四是作畦，需要根据不同地区的地势特性运用不同的作畦方法，通常平原地区多采用平畦，畦长 10～50 米，畦宽 2～4 米，在每个畦周做出畦埂，通常宽 20 厘米、高 15 厘米。

另外，表土耕作还包括中耕，其主要在作物生长过程中进行，目的是促使土壤表层疏松，改善水、气、热状况，同时有效灭除杂草。在播种前的表土耕作主要是前面 4 项内容。

3. 各类型麦田整地技术

不同地区、不同类型的麦田需要采用不同的整地技术，这里主要介绍 4 类较为典型的麦田的整地技术。

（1）冬小麦水浇地

对于冬小麦水浇地（干旱地或半干旱地），通常要 2～3 年深耕一次，且深耕的深度要达到 25～30 厘米。另外，需要注意保墒，因水浇地通常属于干旱地或半干旱地，所以在墒情不足时一定要注意浇好底墒水，深耕之后进行表土耕作时要耙透耙细，以进行土壤保墒。

（2）丘陵类旱地

对于丘陵类旱地，若是一年一熟的麦田，需要采用三耕法，即一年三耕。第一次在小麦收获后的 6 月中下旬，需进行深耕晒垡，犁后不耙，以促使土壤

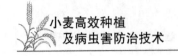

熟化，提高土壤的肥力；第二次在入伏之后，需进行粗耙，遇到降雨要再粗耙，不断地接雨纳墒；第三次在播种之前的 9 月中下旬，需在深耕犁地后进行细耙，做好保墒，同时可结合此次整地施入底肥，提高土壤肥力。

若是一年两熟的麦田，要在秋季作物生长过程中运用中耕法积极纳墒，可采用浅、深、浅交替的中耕法，当秋季作物成熟收获后，要及时收割腾茬，并结合深耕施加底肥，犁地后紧随浅耕耙地，务必做到反复细耙，促进保墒。

（3）黏土地

对于黏土地，其土壤通透性差、耕作性差，所以雨多的季节易涝，雨少的季节易干旱，适耕期较短。这样质地的麦田的整地关键是掌握好适耕期，且需要在适耕期进行深耕，以此来逐步提高土壤的耕作性。

通常情况下，黏土地需要每隔一年或两年就深耕一次，并逐步将深耕范围加深到 33 厘米左右，可以借助自然环境特性，如干湿交替期、冻融交替期、风化期等，逐渐改善土壤质地，令土壤更加蓬松。播种前的深耕可采取少耕模式，通常为一深犁多耙地的方式，以确保土壤下层不板结且上层无土块，从而逐步提高土壤的水肥效用，缓慢提高其耕作性。

（4）稻茬地

稻茬麦田主要存在于水稻和小麦轮作的西南与华南地区。若稻茬地排水良好，需要在水稻收获之后适时翻耕晒垡，播种前再进行表土耕作；若稻茬地土壤质地黏重、排水不良，则需要在翻耕晒垡、降低地下水位、开好沟渠的基础之上，及时耙地播种；若稻茬地水分过重无法正常耕作，则需要抢时免耕播种，适当将播种期提前 10 天左右来争取积温、争取壮苗。

二、小麦播前设施准备

小麦播前整地完成的同时，还需要准备好小麦种植过程中所需的各种设施，主要包括肥料和灌溉设施。

（一）小麦播前肥料准备

小麦属于需肥量较多的一类作物，因此想很好地实现小麦出苗、扎根和分蘖，促使幼苗成为壮苗，且满足小麦生育期对养分的需求，在小麦播种前就必须施足底肥。对于耕作表土比较干旱的地区，在小麦生育期追肥施入很浅，很难发挥肥料的最大肥效，所以必须在底肥供给方面进行满足。

小麦施用底肥可以实行粗、细结合，氮、磷配合的方式，即以粗肥（有机肥料）为主，化肥为辅，增施有机肥料能够有效改善土壤结构，并逐步提高土壤肥力。

具体的施肥方法有以下几种。为冬小麦施肥或冬前为春小麦播种做准备时，可以每亩麦田施用有机粗肥 2000 千克，辅以尿素 15 千克、磷铵 15 千克，混合后均匀撒入田中立即深耕，深度要在 20 厘米以上；冬后为春小麦施肥时，可每亩麦田施用标准磷肥 30 ～ 50 千克和标准氮肥 30 ～ 50 千克，辅以适量钾肥和微肥，混合后均匀撒入田中深耕。[①]

上面两种施肥方法属于普通方法，还可以运用氮素化肥底施的方法，即底肥重施碳酸氢铵化肥，既可以弥补碳酸氢铵挥发性强、易散失肥效的缺点，还能够促成小麦苗期长势好，达到壮苗、增产的目的。化肥底施法需要针对不同的土壤质地进行适当改变。例如，对于保肥性强的偏黏土麦田和二合土麦田，施肥时可以将小麦整个生育期所需氮肥总量的一半以上作为底肥施用；而对于保肥性较差的砂土麦田，应适当减少底施量，可将整个生育期所需氮肥总量的40% 作为底肥施用。

不管哪种施肥方法，都需要结合深耕整地。若施肥量较少时，可以采用集中施肥的方法，即将化肥和粗肥混合后施用；若施肥量较多时，可以在普通施肥后深耕，也可以分层施肥，将其中 60% 粗肥撒施后深耕，之后将 40% 粗肥混合氮肥和磷肥，在表土耕作之前撒施，然后进行表土耕作，使混合肥浅埋。可视所在地区施肥种植情况选择合适的施肥方法。

（二）小麦播前灌溉设施准备

对于小麦播种后的发芽和出苗，水分是非常重要的因素，通常小麦种子只有在吸收相当于自身重量 45% 左右的水分之后，才能够发芽并出苗，如果播种后土壤中水分不足，就会影响出苗率及后期的小麦产量。

1. 小麦播前保墒措施

在这样的背景下，小麦播前必须要做好保墒和造好底墒。小麦种子正常发芽所需要的基本条件是：土壤含水量占田间最大持水量的 40% 及以上（土壤

---

① 侯振华 . 春小麦种植新技术［M］. 沈阳：沈阳出版社，2010：14.

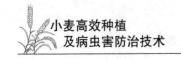

容量的 15%），当土壤质地偏黏土的麦田含水量低于最大持水量的 58%（土壤容量的 20%）、土壤质地为二合土的麦田含水量低于最大持水量的 48%～52%（土壤容量的 17%～18%）、土壤质地偏砂土的麦田含水量低于最大持水量的 43%～46%（土壤容量的 15%～16%）时，都需要在播种前浇足底墒水。[①]

通常情况下，冬小麦主要于秋季作物收获后播种，此时绝大多数地域降水量已减少，土壤墒情已不足；春小麦主要于春季播种，春季降水量普遍较少，土壤墒情同样不足。因此，不论冬小麦还是春小麦，在播前都需要浇足底墒水才能为小麦发芽、出苗乃至后期生长奠定扎实的基础。

小麦播种前保墒的具体做法可根据当地灌溉能力进行选择。例如，对于拥有灌溉能力的地区，可以在深耕之前浇水（即带茬洇地），之后深耕整地，最好的方式是深耕整地之后浇足塌墒水，每亩浇水 50～60 立方米即可；若所处地区没有足够的灌溉能力，则需要快收快耕、随耕随耙、不晒垡不晾垡、抢墒播种，即上茬作物成熟后，在保证适时播种小麦的情况下，尽快收割且尽快深耕，深耕后快速表土耕作，不去晒垡晾垡，在保墒的基础上适时播种，从而提高小麦播种质量。

2. 准备灌溉设施

（1）灌溉设施

灌溉设施主要有两大类，一类是用以灌溉蓄水和引水的设施，一类是输水和灌水的设施。

灌溉蓄水设施主要用于山地或丘陵等取水不便的地区，可以在山地或丘陵地区选择地势较高的位置修建小型水库用以蓄水，若无修建水库的条件，则可以根据麦田的荒坡坡面、降水量、地形等情况，挖掘拦水沟，并在拦水沟的适当位置修建蓄水池。

引水的设施通常设在临近麦田且靠近蓄水池或拦水沟的位置，高度需要比麦田高，用混凝土或石头砌成水沟，其宽度要比进行麦田灌溉的输水设施及灌水设施更宽，具体尺寸需根据当地实际情况进行调整。

输水设施是引水沟和灌水设施的中间联系纽带，通常需要设置在灌溉干路的一侧，可以用混凝土、石头或塑料管修建。输水渠的深度和宽度，或输水塑料管的直径，需要根据麦田面积及引水沟流量来定。

---

① 侯振华. 冬小麦种植新技术［M］. 沈阳：沈阳出版社，2010：16-17.

灌水设施主要设置在麦田之中，灌水渠要根据麦田走向和面积，以及输水渠的水流量来设计，需确保每一块麦田都能够受到流水的灌溉。例如，对于山地的梯田，可以将梯田的背沟作为灌溉渠。

（2）灌溉方式

在准备灌溉设施过程中，需要根据不同的灌溉方式完善配套的设施，常用的小麦灌溉方式有 3 类，分别是沟灌、喷灌和滴灌。

沟灌主要是有各种主渠道和支渠道构成的灌溉网络，沟渠的深度和宽度需要根据水流大小来决定。通常平原地区的麦田主渠道和支渠道可呈"非"字形排列，主渠道较少，支渠道较多；山地麦田主渠道和支渠道则呈"T"字形排列，且需在落差较大的麦田修建跌水槽避免冲坏渠道。

沟灌渠道的长短和布局需要根据地形和麦田地块进行设计，首先要确保每个地块都能浇上水，其次则是尽量减少渠道的无效长度。例如，主渠道尽量分布于麦田的同一侧，以保障沟灌过程中的流水顺畅、量足。需要注意沟灌渠道的防渗漏，尤其是主渠道渗漏不仅会降低流水量且浪费水资源，还会影响支渠道的流水量，从而影响灌溉质量。

喷灌主要是借助水泵和管道系统，或自然水源的水位落差等，通过布管的形式将具有压力的水喷到空中从而进行灌溉的方式。

完整的喷灌系统通常由 4 个部分组成：第一就是灌溉水源，蓄水池、水库、供水系统等都可以作为喷灌水源；第二是首部，即从水源取水后对水进行加压、水质处理或系统控制的装置，若采用的水源是供水系统，或水位差产生的水压较大，则可以不用加压水泵；第三是管网，就是将加压的水输送到各灌溉田的管道网络，可以分为干管、支管和毛管等；第四是喷头，即出水喷洒装置，能够令喷出的水均匀洒在灌溉区域。[①]

喷灌系统可以分为固定式、半固定式和移动式 3 类。固定式喷灌系统除了喷头在地面外，其他各部分会常年在灌溉季节固定不动，管网多数埋在地下，喷头则安装在支道管接出的竖管上，不仅操作方便、效率高、占据空间极少，而且便于综合利用，如农药喷洒、施肥、自动灌溉等，但投入成本较高，因为需要大量管材。

半固定式灌溉系统的首部和管网中的干管是固定状态，支管和喷头能够进

---

① 蔡丽玉.田间喷灌系统的使用维护及故障排除［J］.福建农机，2020（4）：21–23.

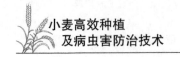
行移动，投资比固定式少，灌溉效率比固定式稍差。

移动式灌溉系统则是除水源外，其他部分设施都可以移动，在灌溉季节可以在不同的地块轮流使用，设施利用率较高。不过相对工作效率和自动化程度较差，灌溉效率是这3类喷灌系统中最低的。

喷灌系统最大的优势是比沟灌节约用水一半以上，且不会破坏土壤结构，能够有效调节土壤表面的气候且不会受到地形限制。可以根据地区特性进行不同喷灌系统的建设。例如，山地灌溉就可以采用移动式灌溉系统，直接运用水的自然落差产生足够水压，不需水泵和电机即可操作，可有效降低设施建设成本。

滴灌是最节约用水的灌溉方式，用水量仅为喷灌的一半，主要是按照作物的需水要求，通过管道系统和安装在毛管上的灌水器将水均匀而缓慢地直接滴入作物根系土壤之中。因其灌溉缓慢，所以不会破坏土壤结构，同时因为灌溉水不会在空中运动，不需打湿作物叶面，也不需浸湿土壤表层，同时也不会产生土壤表面水分蒸发，所以灌溉水利用率可达95%。

滴灌系统主要分为干管、支管、分支管和毛管等，均使用塑料管道架构，干管直径约80毫米，支管直径约40毫米，分支管直径约20或30毫米，毛管直径仅约10毫米，之后根据作物需水情况和土壤质地情况，在毛管上架设滴头。因其能够做到精准灌溉且利用率高，所以灌水量很小，灌水器每小时流量仅为2～12升，每次灌水后的效果延续时间很长，可以通过小水勤灌的方式保证作物需求。[①]

滴灌系统最大的优势就是节水、省工、节肥（通过滴灌系统施肥），因此在干旱缺水地区这是非常重要且实用的一种灌溉方式。不过滴灌对管理人员和集约化种植的要求较高，同时容易造成滴头堵塞，且因为其灌溉模式问题，容易仅润湿植株部分根系土壤，从而造成作物根系向湿润区集中生长，限制根系发展。若滴灌水盐分过高未经处理，或土壤含盐量较高，滴灌容易造成盐分积累在湿润区从而对作物产生危害。

3. 准备排水设施

排水设施的建设和准备主要有两种方式，一种是明沟排水，一种是暗管排水。

---

① 张强，吴玉秀. 喷灌与微灌系统及设备［M］. 北京：中国农业大学出版社，2016：68-80.

（1）明沟排水设施

明沟排水通常就是在地表挖掘出一定的明沟来进行排水，在平原麦田其通常由集水沟、麦田之中的干沟和总排水沟组成。其中，集水沟一般会与灌水渠通用，一来能够节省成本，二来可以遍布整个麦田起到最佳排水效果；干沟可以单独设立，也可以设在干路输水渠的另一侧，上端连接集水沟，下端连接总排水沟；总排水沟可以单独设立，也可设在输水渠另一侧，上端连接干沟，下端排出麦田。

山地麦田的明沟排水设施主要由拦水沟或蓄水池、集水沟和总排水沟组成，若麦田上方无荒坡则可以仅设置集水沟和总排水沟。排水时可以通过截断拦水沟下水口来截留上方的流水，将水贮存在拦水沟或蓄水池；集水沟由梯田的背沟（即梯田的灌溉渠）充当，上端连接引水沟，下端连接总排水沟；总排水沟可以通过对坡面进行侵蚀沟改造形成，既节省工时和成本，又能起到排水作用。

（2）暗管排水设施

暗管排水设施的准备和建设主要是通过在麦田地下埋设管道形成，其作用和位置类似于平原麦田的明沟排水设施，只是管道位于地面之下。通常深度位于地下 1.0～2.3 米（南方埋深 1.0～1.2 米，北方埋深 1.5～2.3 米），间距 8～200 米（南方间距 8～20 米，北方间距 30～200 米），可以采用瓦管或塑料管铺设，口径 15～20 厘米。铺设过程中主管和干管可以斜交设计，管道入口处和管道接头处填裹防沙过滤层，或运用可滤水管壁微孔的渗透作用排水。管道的两侧和下方均需铺设卵石（粒径 2～60 毫米的无棱角岩石，砾石的一种），每根管段长 30～35 厘米，接口处留 1 厘米缝隙，上方盖塑料板并铺设卵石，之后填埋平整。[①]

暗管排水设施的铺设要求坡度比明沟排水设施大，其最大的优势是节约用地并提高土地利用率，有利于机械化作业，在排除土壤中多余水分的同时降低地下水位，调控土壤水分和盐分状况。缺点是投资较大且施工技术要求比较高，同时若防沙过滤层处理不好容易造成管道淤堵。

小麦播前设施的准备，需要和播前整地管理，以及当地的气候和种植习惯相结合，选用最为经济实惠、适宜当地小麦种植情形的设施。例如，在进行播前设施准备阶段需要考虑到整地过程的机械使用情况，要避免设施准备与整地

---

① 安鹤峰.农田暗管排水技术及其施工机械［J］.农业科技与装备，2021（2）：32-34.

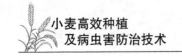

设备相冲突，应最大化发挥设施和设备的优势，为小麦高产稳产打下基础。

第四节　小麦的播种时期和播种方法

小麦播种质量的高低，是决定最终产量高低的重要环节之一。而小麦播种质量的高低，一方面取决于播种的时期，过早或过迟播种都会对小麦的出苗、生长、发育产生影响；另一方面则取决于播种方法，包括种子用量、是否合理密植及播种方式等。

一、小麦的播种时期

小麦种子就是精选出的小麦籽粒，其在植物学上被称为颖果。小麦种子大小根据品种和特性不同也会有所不同，通常小麦种子千粒重为 30 ～ 40 克，但有些小粒的小麦种子千粒仅重 20 ～ 25 克，有些大粒的小麦种子千粒则可能重达 50 克。在播种时，需要根据千粒种子重量计算最适合的播种数量。

（一）小麦种子的萌发及出苗

前面提到的种子处理方式，能够有效打破种子的休眠，从而确保其在适宜的温度、水分、氧气条件下萌发，即种子胚中的胚根鞘和胚芽鞘吸收胚乳养分和外界水分，逐步膨胀并相继突破种子皮层的过程。胚根突破皮层长到种子长度一半时属于种子萌发的开始；胚芽长到种子长度的一半，且胚根与种子等长时，就是发芽；从萌发开始到发芽就是萌发的过程，萌发之后胚芽鞘会继续生长，其露出地面时，就是出土；胚芽鞘遇光之后就会破裂并停止生长，之后其中会生出第一片绿叶，绿叶伸出已停止生长的胚芽鞘 2 厘米时就是出苗。

出苗 5 ～ 7 天之后，幼苗第二片绿叶长出，与此同时胚芽鞘和第一片绿叶之间的节间会不断伸长，并将生长锥顶到接近地表的位置，这段伸长的节间被称为地中茎（或根茎），其最终伸长的长短与小麦品种及播种的深度有关，当播种深度较深时地中茎会长，当播种深度较浅时地中茎会短，若地中茎过长，就会消耗过多营养，从而导致幼苗过于瘦弱。

小麦种子的萌发与出苗，会受到 4 个外部因素的影响。

其一是温度，小麦种子萌发的最低温度是 1～2℃，最适宜的温度是 15～20℃，最高温度是 35～40℃，当温度低于 10℃时，种子萌发速度非常缓慢且易感染病害。冬小麦在秋播时外界平均气温若低于 3～4℃，种子将无法在冬前出土。因此播种时需要关注好外界的温度。

其二是水分，即土壤中的水分含量，前面曾提到，小麦种子需要吸收相当于自重 45% 左右水分后才能发芽并出苗，而最适宜的土壤水分含量应该处于土壤最大持水量的 70%～80%（土壤容量的 25%～28%）。土壤水分含量大于最大持水量的 85% 或小于最大持水量的 60% 都不利于小麦发芽和出苗。若水分含量过大，则需要播前适当排水降低土壤水分；北方麦区在小麦播种时最易出现干旱现象，若土壤水分含量低于最大持水量的 65% 就需要浇播前水。

其三是氧气，小麦种子发芽和出苗过程中需氧较多，这就要求播种后土壤的透气性要好，需要确保土壤不能水分过多、避免土壤表层板结、避免播种过深等，否则就容易出现氧气匮乏而种子霉烂最终缺苗的现象。

其四是播种的深度，当播种过深时，不仅小麦种子容易氧气匮乏，影响出苗，同时这也容易造成地中茎过长从而幼苗养分缺失，出现出苗慢、出苗不均、无法出苗等现象。而如果播种过浅，土壤表层土的水分蒸发快、易干燥，很容易造成种子缺水从而影响萌发和出苗。

（二）小麦的适时播种

小麦的播种时期与品种、自然气候条件、栽培模式、积温指标等有巨大关系。

1. 品种

不同的小麦品种感温性能和感光性能会有所不同，而且完成发育所需求的温度及光照条件也会有所不同，因此在同等气候条件和生产条件下，不同品种的小麦播种时期也会不同。

例如，冬性小麦品种耐寒性强，对温度的反应非常敏感，苗期通常是全匍匐状态，不经春化处理将无法抽穗。其春化阶段要求的温度为 0～3℃，历时需 35 天以上，因此冬性品种适宜早播。冬性品种最适宜的播种气温是日平均气温 16～18℃（秋季温度下降阶段）。

又如，半冬性小麦品种耐寒性较强，对温度的反应较为敏感，苗期通常是半匍匐状态，不经春化处理会延迟抽穗且抽穗不整齐，甚至会无法抽穗。其春化阶段要求的温度为 0～7℃，历时需 15～35 天，因此半冬性品种适宜稍早

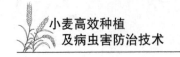
或适时播种。半冬性品种最适宜的播种气温是日平均气温 14 ～ 16℃（秋季温度下降阶段）。

再如，春性小麦品种耐寒性较差，对温度的反应并不敏感，苗期通常处于直立状态，不经春化处理同样可以正常抽穗，因此适合稍晚播种。春性品种最适宜的播种气温是日平均气温 12 ～ 14℃（春季温度上升阶段）。

2. 自然气候条件

中国地大物博，不同纬度、地势、海拔等都会影响该地的光热条件，因此同品种的小麦达到苗期积温要求的时间也会有所不同。通常，随着纬度（纬度自南向北升高）和海拔高度的升高，同日气温会相对降低，所以需要适当延长光照时长来满足积温要求，适宜早播；反之则适宜逐步推迟播种时间。

另外，在同海拔的条件下，纬度提高 1° 播种期就需要提前 4 天左右；在同纬度的条件下，海拔提高 100 米播种期就需要提前 4 天左右。不同地区可以有针对性地进行适播期计算。

3. 栽培模式

栽培模式主要指的是小麦最终成穗需求。例如，依靠分蘖成穗的栽培模式，需要冬前拥有较大的苗龄，所以播种需要适当提前；依靠主茎成穗的栽培模式，不需要冬前拥有大苗龄（即不需孕养分蘖），所以播种可以适当延后。

4. 积温指标

积温指标主要指的是冬小麦在冬前播种之后，从播种到出苗的积温及出苗之后到生长出所需分蘖数的积温。小麦的整个生育期所需积温为 1800 ～ 2200℃，其中播种到出苗所需积温为 100 ～ 130℃，出苗到第一个分蘖所需积温为 180 ～ 220℃，之后每增加一个分蘖需积温 70℃左右，满足分蘖数后最后一个分蘖到入冬停止生长所需积温为 100℃。

通常情况下，越冬前需要小麦主茎生长 6 片叶，分蘖数约 4 个，因此越冬前小麦积温应达到 590 ～ 650℃。之后可以根据当地平均气温稳定下降到 0℃的日期，逐步前推累积，得出理论中的适宜播期，理论播期前后 3 天均在适宜播种时期范围内。

二、小麦的播种方法

在大体确定当地适播期之后，小麦播种的下一步就是选用适宜的播种方法，其主要包括 3 个方面的内容：一是确定合理的密植及适宜的播种量；二是确定适宜且合理的播种方式；三是遵循基本的播种原则。

（一）小麦的播种量

确定合理的密植需要结合当地气候条件、土壤质地、产量水平、品种特性和栽培技术等，尽可能地协调麦田群体和单个植株之间的关系，保证土壤地力和光能的利用率，在保证单位播种面积上拥有足够苗数、分蘖数和穗数的同时，令整片麦田都能够达到要求。

确定合理密植需要满足以下几个原则：一是根据小麦播期的早晚来调整好植株密度，适宜早播的地区植株密度需要相对稀疏，适宜晚播的地区植株密度需要相对紧密；二是根据栽培模式调整最佳的植株密度，依靠分蘖提高产量的适宜较稀疏的植株密度，依靠主茎的则适宜较紧密的植株密度；三是要根据品种类型来确定播种量，冬性品种分蘖力强，营养生长期较长，所以需要相对稀疏的植株密度，播种量较少，而春性品种反之，同时大穗的品种需要植株密度相对稀疏，小穗品种则需要植株密度相对紧密，播种量应较大；四是需要结合当地土壤的肥力和生产条件来确定合理播种量，例如，若土壤肥力较高，单个植株生长旺盛且成穗多，则需要适当降低播种量和植株密度，若土壤肥力不足无法负担多穗，则需要适当提高播种量和植株密度。

确定适宜的小麦播种量，通常会采用四定方法，即以田定产、以产定穗、以穗定苗、以苗定量。

以田定产就是根据当地的土壤肥力、生产条件、栽培技术水平等，确定出通过科学种植和管理能够达到的产量指标。

以产定穗就是通过上面确定的产量指标和确定的品种，确定出单位面积上需要达到的麦穗数。例如，若亩产要达到 500 千克，每亩适宜的穗数根据品种不同会有所差距，大穗型品种可定为 35 万～ 40 万个，多穗型品种可定为 50 万～ 60 万个，中间型品种可定为 40 万～ 50 万个。

以穗定苗就是通过上述每亩适宜的穗数及单个植株能达到的成穗数，确定出适宜的苗株数。不同地域、不同气候、不同品种和不同栽培模式下，单个植株达到的成穗数会有所不同。例如，高产麦田单个植株分蘖力和成穗率高，基本苗数就相对会较少；而中低产麦田单个植株分蘖力会较低，成穗率也会相应减少，所以想达到适宜穗数就需要较多的基本苗数。

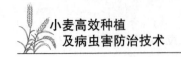
通常情况下，高产麦田单个植株成穗数为 2.5～3.5 个，所以每亩适宜的基本苗数为 16 万～20 万株，而中低产麦田单个植株成穗数约 1.5～2.2 个，每亩适宜的基本苗数应为 25 万～30 万株。

以苗定量则是根据每亩适宜的基本苗数来确定播种量，在此过程中需要将种子净度、发芽率、出苗率等考虑进去，公式为：

$$每亩播种量（千克）=\frac{每亩基本苗数}{每千克籽粒数×种子净度×发芽率×出苗率}。 \quad (2-1)$$

其中，每千克籽粒数根据不同的种子会有不同的数据，一般种子千粒重 30～40 克，每千克则有 2.5 万～3.3 万粒，小粒种子每千克则达到 4 万～5 万粒，大粒种子则仅有 2 万粒；种子净度国家标准为 99%；发芽率取最低为 85%；出苗率可按 80% 进行计算。综合而言，普通小麦种子每亩的播种量在 10 千克左右，大田播种量需适当增加，在每亩 12 千克左右。

公式之中 80% 的出苗率，是平均数字，在计算每亩播种量时需视不同地区、不同土壤质地的出苗率进行调整。例如，黏土地和秸秆还田土地小麦的出苗率就低于 80%，因此每亩播种量需适当进行增加。

（二）小麦的播种方式

小麦的播种方式主要有三大类，一类是点播，也被称为穴播或窝播，其主要针对的是开沟困难、土壤黏性重、土壤不易细碎的地区，比较常用的是小窝疏株密植方式，采用 10.0 厘米 × 20.0 厘米或 13.3 厘米 × 16.7 厘米的穴行间距，通常每亩可定 3 万穴以上。

另一类是撒播，属于较为原始的一种播种方式，多用于棉麦套作或稻麦轮作的土壤黏性重、整地难度大的地区，有利于抢时省工，且个体植株较为疏散，所以营养条件更好。但缺点也较为明显，一方面撒播易造成覆土深浅不同，所以容易出苗不整齐，也容易出苗不全；另一方面撒播较为分散凌乱，因此容易产生较多杂草，田间管理不便。

还有一类是最常见且普遍的条播。一方面利于机械操作且落籽均匀，可使小麦出苗整齐且行间通风透光效果好，也适用于间套复种；另一方面可以根据气候条件和土壤质地等情况，进行行间调整，以便达到最佳播种效果。

条播主要有两种模式：一种是等行距条播，即以 15～20 厘米为行间距进行播种，可根据土壤情况和气候情况适当调整行间距，很容易实现均匀密植且充分利用土壤地力的效果；另一种是宽窄行条播，即以不同间距的行实现条播，例如，以23厘米+10厘米或27厘米+13厘米不等间距的行来播种，不仅便于田间管理，而且易实现套种作物。

（三）小麦的播种原则

小麦播种需要遵循几项基本的原则，首先是适宜的播种深度，通常情况下，小麦分蘖节距离地面2～3厘米，地中茎长度1～2厘米是最佳状态，所以最佳的播种深度在3～5厘米。如果超出这个范围就属于播种过深或过浅，若播种过深，就易出现出苗晚、幼苗弱、分蘖晚且数量少等情况，易造成减产和小麦后期生长发育受限；若播种过浅，则易出现种子发芽水分不足，从而造成断垄缺苗，另外分蘖节也容易入土太浅，从而在幼苗越冬时受到冻害。

在3～5厘米的播种深度范围中，需有针对性地进行深度调整。其中，适宜播种稍微深一些的是大粒种、土壤肥力高的土地、土壤质地偏砂土地区、早播地区等；适宜播种稍浅一些的是小粒种、土壤肥力较贫瘠的土地、土壤质地偏黏土和盐碱土及冷僵土地区、晚播地区等。

其次是要保证下籽均匀，这样才有利于出苗更加统一。现今使用较多的是运用播种机或机播耧等进行播种，在播种前一定要做好机械的检修，可以在播种前进行调整，即播种前先开动机械令其达到一定转数，检查播种情况并进行调整，合适后固定，也可以在播种过程中进行调整，即牵引播种机行走一定距离后，根据实际排种量进行细微调整。还可以采用重耧播种的方式，分两次进行播种，能够在一定程度上减少缺苗断垄的出现。不论采用哪种播种方式，都需要紧随其后进行播种质量检查，包括播种深度、播种数量、覆土情况、漏播重播情况、行距情况等，若发现问题需要及时进行调整，以便播种质量达标。

最后是播种镇压，通常有两种方式，一种是播种前镇压，一种是播种后镇压，最常用的就是播种后镇压。镇压的目的是压实土壤提高整地质量，一来提高土壤的抗旱能力，二来加强土壤和种子的结合，起到提高出苗率的效果。

通常机械播种时就会紧随机械镇压，主要应用于土壤质量稍差的土地，以及土壤墒情不足需抢墒播种的土地。若土壤墒情较好，可以播种之后再视情况延后镇压。

第三章　小麦高效田间管理技术

第一节　小麦前期田间管理技术

小麦前期田间管理主要指的是从播种到分蘖期整个初期生长阶段的田间管理，其中还包括冬小麦的越冬期和返青期管理。整体而言，小麦前期属于小麦的苗期，此阶段是小麦壮苗、分蘖的重要时期，苗期质量会影响到后期穗数和产量。整个小麦苗期田间管理的主要关注方向有以下几点：保证全苗匀苗，同时促根增蘖，培育壮苗；控制幼苗养分贮藏和生长的关系，促使幼苗安全越冬；在前两点达到的基础上，调整合理的幼苗结构，提高越冬前的幼苗分蘖成穗率，为穗数和产量打下扎实的基础。

一、小麦幼苗的管理

小麦幼苗的管理主要是通过对幼苗根系、叶、分蘖的观察，确定幼苗的状况，如弱苗、壮苗和旺苗，之后针对不同的幼苗采取不同的管理方法。另外则是及时进行查苗，发现漏播或缺苗情况及时补种。

（一）小麦幼苗根系、叶和分蘖的情况

1.小麦根系的情况

小麦的根系属于须根系，主要由初生根和次生根组成，需要及时观察根系中初生根和次生根的条数及入土的深度等，来确定植株的长势情况。

小麦的初生根就是种子萌发后最初长出的主胚根，生长过程中初生根会生出数条侧根，影响初生根条数的决定性因素是种子的营养饱满程度（通常是种子的大小），其生长主要依靠种子贮藏的营养物质，当幼苗第一片真叶展开后，初生根就会停止发生。

正常情况下，初生根的数目为 3～5 条，较为饱满的种子在适宜条件下初生根可达到 7～8 条。初生根通常上下粗细大体一致，细而坚韧，其上会发生多个分枝，在小麦整个生育期初生根都具有重要作用，能够吸收土壤深处的水分和营养。

初生根的生长非常迅速，若冬小麦生长条件适宜，在入冬之前初生根就能够长到 90 厘米以上，最终长到拔节期停止生长，可达到 1～2 米长。

次生根是小麦的主要根系，其通常是伴随着分蘖的发生而产生，所以次生根均发于分蘖节上。次生根在三叶期会向上生长，通常小麦每一节会发生 1～3 条次生根。主要的次生根发生期有两个，一个是从三叶期到越冬之前，另一个则是从返青期到拔节期。

次生根在入冬之前通常不会分支，其最大的特征是数量多、入土浅、根粗壮、根毛密集，通常入冬前能够长到 30～70 条，多数扎根在土壤的 20～30 厘米耕作层中。入冬前的次生根功能性并不强，真正发挥其功用的时期是在拔节期之后到成熟期的蜡熟阶段，开花期会停止生长，此时次生根长度能够达到 1 米左右。

2. 小麦叶的情况

小麦的叶主要有两大类，一类属于不完全叶，没有叶片仅有叶鞘，另一类则是完全叶，也称为真叶或绿叶。

不完全叶主要包括主茎长出的第一片叶，称为胚芽鞘，以及分蘖长出的第一片叶，称为分蘖鞘。叶鞘最大的作用就是包裹在茎秆之外加强茎秆的强度，能够起到保护节间基部嫩茎和分生组织的作用，叶鞘基部通常会逐渐膨大形成叶节，从而再次提升对节间的保护功能。

完全叶主要由 5 个部分组成，从下到顶端分别是叶鞘、叶耳、叶枕、叶舌、叶片。整个完全叶的大小会因为品种、气候、土壤情况、栽培模式等不同而产生差异，通常单叶的叶面积为 5～15 平方厘米，叶位越高其发生得越晚，叶面积也越大。

小麦的主茎叶片总数一般为 13 片，入冬前长出 6～7 片，冬后长出 6～7 片。整体可以将小麦主茎叶片分为 3 个功能组：入冬前的 6 片叶属于下层叶，称为近根叶组，其主要着生在分蘖节上，生成的营养物质主要供给入冬前幼苗根系、分蘖、基部茎节及中部叶片的形成和生长；冬后长出的 1～2 片近根叶（上位）、2～3 片中部叶片，以及分蘖生长伴生的同伸叶，都属于中层叶，称为茎穗叶组，其生成的营养物质主要供给小麦茎秆的充实和生长，以及上部叶片的形成与穗的进一步分化；小麦植株最后生长出的 2 片叶，处于主茎最上方，主要是旗叶（顶叶）和旗下叶（倒二叶），通常旗叶最宽，旗下叶最长，属于上层叶，称为粒叶组，其生成的营养物质主要供给小麦花粉的发育和开花受精，以及后期的籽粒灌浆。

3. 小麦分蘖的情况

小麦的分蘖就是小麦的分枝，其生长对外界条件的反应非常敏感，外界条件不良时分蘖会很快受到抑制，而外界条件良好时分蘖会产生较多且生长健壮，因此分蘖发育情况也是苗情诊断的重要指标。同时，分蘖穗也是小麦产量的重要组成部分，尤其是高产田中，分蘖穗能够占到总产量的 60% 左右。

小麦分蘖发生在分蘖节上，即主茎及分蘖被埋藏在地面之下密布于茎基部的节和节间，分蘖节不仅是分蘖发生和次生根发生的部位，同时也是贮藏养分的一个重要组织，其特性就是节间不伸长。

每一个分蘖节都能够分化出分蘖芽和次生根，同时每个分蘖芽顶部还有生长点，因此能够源源不断分化出次一级的分蘖芽和叶片。入冬之前，分蘖节入土的深浅和健壮程度，以及其贮藏的营养多少，都会对麦苗能否安全越冬乃至后期的生长产生影响。要实现小麦稳产增产，就必须保护好分蘖节不受越冬的伤害，通常分蘖节位于地面下 3 厘米最为适宜。

小麦的分蘖是以主茎为中心逐渐由下向上生成，所有由主茎分蘖节生成的分蘖都是一级分蘖，一级分蘖之上再发生的分蘖则属于二级分蘖，二级分蘖之上再发生的分蘖则是三级分蘖。根据分蘖的位置不同，靠近下部的称为低位蘖，上部的则称为高位蘖。

小麦分蘖的发生有两个高峰期，一个是冬前（春小麦无冬前期），一个是冬后。冬小麦在正常播种和生长条件下，出苗 15 ~ 20 天后就会开始分蘖，之后随着主茎叶数的增加分蘖数也不断增加；冬后度过返青期，外界温度升到 3℃以上时，第二次分蘖开始，当外界温度达到 10℃ 之后进入分蘖发生第二高峰期，最晚到拔节期分蘖停止。通常冬小麦在适宜条件下，冬前分蘖数可以达到小麦分蘖总数的 70% ~ 80%。

小麦的分蘖具有两极分化的特性，即从起身期或拔节期开始，穗数就已经基本稳定，之所以如此，是因为起身期或拔节期之前，植株的生长中心是分蘖发生和生长，而进入起身期后主茎和大蘖节间会加速伸长，从而争夺了大部分营养，新生的分蘖乃至较小的分蘖就会养分不足，而这些新生或较小的分蘖尚未形成完善的根系，因此后期会逐步死亡。

分蘖成穗的主要规律类似分蘖的两极分化，即主茎及冬前早先生成的低位蘖成穗率较高，春季后期生成的分蘖成穗率较低，甚至不会成穗。以冬小麦为例，通常冬前分蘖具有三叶及以上的叶片，多数能够成穗，而若冬前无法达到三叶，即使是低位蘖也不一定能成穗。综合来看，只有冬前早期的大蘖才能真正成穗，且是确保产量的重要分蘖。

（二）前期苗情的诊断

了解小麦苗期各器官的生长情况，是为了能够根据情况对小麦的前期苗情进行正确的诊断，以便准确判断弱苗、壮苗、旺苗，从而采取有针对性的管理对策。尤其是冬小麦的冬前幼苗较为弱小，仅从形态方面很难判断壮苗和旺苗，因此需要参考以下 3 个指标来判断。

首先，幼苗各器官的出现要按顺序，通常幼苗植株在三叶一心的阶段会发生 1 个分蘖和 2 条次生根，之后的分蘖和次生根都应按规律出现，尤其是低位蘖不缺失。通常冬前幼苗的主茎应生出 5～7 片叶，植株高度在 20～25 厘米，分蘖数为 3～8 个，次生根为 5～7 条，分蘖节要大而壮，最上端叶耳间距为 1 厘米以内。高于此指标的多数为旺苗，低于此指标的则为弱苗。

其次，壮苗的叶片要长短适中且宽厚，冬前最大叶片长度在 12～15 厘米，叶宽 0.6～0.7 厘米，最长的叶鞘不能超过 5 厘米。高于此指标的多数为旺苗，低于此指标的则为弱苗。

最后，麦田群体总茎数和分蘖数要适宜，且叶面积系数要比较合理。通常冬前高产麦田的叶面积系数在 1.0 左右，分蘖数能够达到规划的亩穗数的 1.2～1.5 倍，总茎数（分蘖茎＋主茎）要达到每亩 50 万～60 万根；冬前普通麦田的叶面积系数也在 1.0 左右，分蘖数要达到规划的亩穗数的 1.5～1.8 倍，冬前总茎数（分蘖茎＋主茎）为每亩 60 万～90 万根，其中的三叶大蘖要达到 50%。符合此标准的属于壮苗群体。

（三）幼苗的冬前管理

1. 查苗补播

幼苗的冬前管理第一项任务就是查苗，若发现漏播和缺苗，则需要尽快补

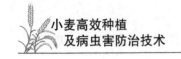
播。此处以条播为例，一行内有 10 厘米左右无苗，属于漏播和缺苗，一行内有 15 厘米以上无苗，则属于断垄。

发现这样的情况需要立即补播同一品种的种子，最好是同一批种子。在补播之前，需要将种子浸泡 4～6 小时，以促进新播种子尽早发芽出苗。通常情况下，补播需要在出苗的 10 天以内完成，最晚不能超过幼苗进入三叶期，否则会无法形成统一长势。

如果补播之后依旧存在缺苗和断垄现象，需要在分蘖期移栽部分幼苗来保证全苗，补栽过程中要把握好幼苗移栽深度，遵循上不压心、下不露白的原则，即不能埋住苗心，也不能移栽后露出白根。

2. 针对苗情的管理

前面所有的分析和诊断，都是为了确定小麦的苗情，以便针对不同的苗情进行不同的管理。从苗情诊断来看，小麦幼苗的情况可以分 3 类，分别是弱苗、壮苗和旺苗。

（1）弱苗管理

出现弱苗后需要根据具体的情况来进行对应的管理。例如，针对因延迟播种造成的弱苗，在冬前只能以浅耕来增温、保墒、松土，不宜采用追施水肥的方式，以避免追施水肥造成地温再次降低；针对因整地过程不够细腻造成的弱苗，其弱苗的主要问题是根系发育不良，应该通过镇压、浇水并浅耕来促使其根系生长；针对因土壤质地过于湿润造成的弱苗，需要加强中耕及排水，通过松土来散墒通气，促进根系呼吸；针对因播种过深造成的弱苗，需通过镇压结合浅耕来保墒提墒，或通过扒去表土促使分蘖节位置提升来促使幼苗贮藏营养；针对因土壤质地偏盐碱地造成的弱苗，通常这种情况是因为土壤溶液浓度过高产生了生理性干旱，需提早灌水来降低盐碱度，之后通过中耕松土来防止盐碱度再次提升；针对因底肥施用不足造成的弱苗，需分清幼苗缺失养分，若叶片过窄且色淡，则追施氮肥，若叶片发黄且叶尖发紫，根系发育不足，则需追施磷肥；针对因为有机肥腐熟度不够或施肥过量造成的弱苗，这种情况下幼苗易出现灼伤，乃至死亡缺苗，需及时浇水冲肥，并及时中耕松土来改善土壤环境。

通常在冬小麦播种前会浇过底墒水，越冬前通常不需追施水肥。若因抢墒播种造成了弱苗，可以在幼苗三叶期浇小水增墒；若因播种前未施加速效底肥造成了弱苗，则可以结合浇水少量追肥；若因土壤质地偏黏土，播种时土壤水分不适宜造成了弱苗，需播种后追加出苗水。

（2）壮苗管理

若苗情以壮苗为主，冬前的管理则以保苗为主，需根据具体情况采取不同的保苗措施。

例如，若麦田底墒和底肥充足，同时是适时播种，那么在冬前可不追加水肥，但需要适时中耕。当出苗后出现长期的干旱，可以在进入分蘖期时浇一次盘根水；当幼苗长势不均匀时，则可以结合分蘖水定点追施少量速效肥；当抢耕抢种造成土壤不实时，则可以浇小水镇压土壤。

又如，若麦田底墒充足而肥力稍差，可以趁墒追施少量速效肥，以保证幼苗越冬前养分充足，保壮保全。

再如，若麦田底墒和肥力均有所不足，但因为适时播种所以形成了壮苗，则可以尽早追施水肥，来保障幼苗养分和水分，促使其维持壮苗。

（3）旺苗管理

形成旺苗通常有两种情况：一种是土壤本身肥力较高，且底肥重底墒足，播种过早从而形成了旺苗；一种是土壤本身肥力较高，底肥重底墒足，播种过多从而形成了旺苗。

第一种情况通常最明显的表现是幼苗冬前主茎叶片达到了7片以上，且顶上叶耳间距超过了1厘米，叶片颜色发青且肥大，另外则是仅11月下旬麦田亩总茎数就达到乃至超过了指标。此情况下旺苗越冬艰难，主茎和大蘖容易被冻伤、冻死，进入春季往往成了弱苗。此种情况需要镇压结合追加水肥来管控，起到蹲苗作用，来年返青期及早追施水肥促其起身生长。

第二种情况最明显的表现是幼苗群体过大，冬前亩总茎数超过80万根，虽然叶片颜色绿且大，但主茎第一节间未伸长。此情况下旺苗虽不会在越冬时受到冻害，但返青后容易后期倒伏。管理此情况的旺苗时需结合深中耕强度镇压，中耕深度要在6～7厘米，以此来抑制主茎和分蘖旺长，也可喷施矮壮素、多效唑等药剂控制旺度。

3.冬前病虫草害防治

冬小麦在秋播期间是病虫草害防治的关键时期，尤其是苗期易发生的白粉病、叶锈病、纹枯病、散黑穗病、腥黑穗病、全蚀病、根腐病等病害，以及金针虫、蝼蛄、蛴螬等地下害虫，还有蚜虫、飞虱等虫害。

防治地下虫害需要及时喷洒对应的药剂或灌苗，防治蚜虫和飞虱等传毒虫

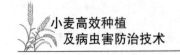

害则需要用对应药剂进行喷洒，预防病毒病的发生。

防治杂草主要看冬前杂草危害，若冬前杂草危害较大则需要冬前化学除草一次，春季化学除草一次。冬前防治杂草优势较为明显：首先是冬前气候原因造成杂草较小，所以耐药性差；其次是冬前麦苗同样较小，整个麦田的覆盖率较低，所以药剂防治时杂草易于着药；最后是冬前茬通常仅有小麦，其他作物很少，所以不易产生作物药害。

防治杂草可采用二次稀释配药法，一次将药剂喷匀。防治杂草主要针对两类，一类是恶性禾本科杂草，包括硬草、看麦娘、棒头草、野燕麦、雀麦、节节麦、毒麦、蜡烛草、多花黑麦草、菵草等。可在麦苗 3～5 片叶、杂草 2～4 片叶期间，选用 3% 世玛（甲基二磺隆）、3.6% 阔世玛（甲基二磺隆与甲基碘磺隆混剂）、70% 彪虎（氟唑磺隆）或 6.9% 骠马（精恶唑禾草灵）等进行喷洒，需注意用药时期和杂草品种。

另一类是越年生阔叶杂草，包括荠菜、播娘蒿、麦瓶草、大巢菜、小飞蓬、独行菜等。可在麦苗 2～4 片叶期间，选用 2,4-D 丁酯或苯磺隆等进行喷雾防治，使用 2,4-D 丁酯时可对应减少 1/3 剂量避免药害。

不论是防治病虫害还是防治杂草，均需要选择晴天喷洒或灌根。一方面避免冷空气出现对小麦产生冻害；另一方面能够更有效发挥药剂功效。需要在最低气温高于 4℃，连续 4 天无霜冻或降雨时进行药剂喷洒。具体病虫害防治用药可参考第六章小麦病虫害防治技术的内容。

二、麦苗的越冬管理和返青管理

（一）麦苗的越冬管理

麦苗的越冬管理目的是通过适当的措施以确保麦苗能够安全越冬，通常需要实施以下 3 项措施。

首先是要在越冬前进行中耕镇压，在分蘖期就可以选择恰当的时机中耕。例如，在雨后或灌溉后，通常需要中耕来破除地面板结，弥补土壤裂缝等。中耕最大的作用是能够增加土壤温度且保墒，同时可在一定程度上清灭杂草。

在封冻之前，需要及时在麦苗停止生长之前进行耙压壅土、盖糠保根、保墒防寒。镇压可以弥补土壤的裂缝，减少土壤间的孔隙，还能够使土块碎裂，在保墒方面具有重要的作用。土壤质地偏砂土、盐碱地，且麦苗较弱、土壤水分含量过高的地块并不适合镇压。例如，对于麦苗较弱、土壤水分过重的地块，需在管理弱苗促使其健壮的同时，加强排水和散墒，争取在封冻前形成旺苗，降低土壤水分含量。

其次是需要有针对性地适时冬灌，即灌冻水。这是保护麦苗安全越冬非常重要的一项措施，通常北方冬小麦区域在秋冬季节较为干旱，因此除了土壤湿度过大、恰逢多雨年份、麦苗晚播较弱之外，其他情况下都应进行冬灌。

通常冬灌适宜在日平均气温 $3 \sim 4℃$，且夜间会上冻的时期，保证夜冻而昼消。灌水量为 $90 \sim 120$ 毫米，需针对地块土壤含水量适当调整。如果麦田总茎数偏低，群体偏弱，则可以结合冬灌追肥，一来能够促使麦苗安全越冬，二来肥力可在返青期为麦苗所用，其追肥效果更好更方便。

最后是需要严禁放牧者入麦田放牧，尤其是羊群放牧，其特征是紧贴地皮地将麦苗连根拔起或拔断，很容易造成麦田缺苗断垄，死苗增多。因此，麦田必须严禁放牧者进麦田放牧。

（二）麦苗的返青管理

返青期是在麦苗越冬之后，天气开始逐步转暖并化冻的早春阶段，在这一阶段必须要做的是早春搂麦和锄划保墒，另外则需要针对不同的苗情采取不同的管理手段。

1. 早春搂麦和锄划保墒

早春搂麦指的是通过竹耙等工具清除麦田间的干叶枯叶，这有助于提高麦田的光照，促进麦苗尽早返青起身。锄划保墒则需要针对不同苗情采用不同的锄划手段。例如，对于群体充足、总茎数较多的麦田需要深锄，以便控制春季无效分蘖的大量发生，有效减少养分的消耗，促进有效分蘖的生长发育；对于弱苗较多的麦田则需要浅锄细锄，提高地温的同时促进春季分蘖产生，加强有效分蘖数量。

2. 针对苗情进行管理

在小麦返青期需要针对不同的苗情确定是否追施水肥，此阶段追施水肥能够促使春季分蘖的发生，可提高 $10\% \sim 20\%$ 春蘖的产生，从而有效减少和延缓两极分化时小蘖的死亡，提高分蘖成穗率。不过，返青期追施水肥容易造成成穗不齐、茎节间增长、低位蘖的小穗数增加等，所以需要视苗情确定是否追

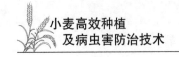
施水肥。

首先，在壮苗和旺苗的地块，只要冬前的水肥较为充足，在返青期就不需追加水肥，只需要加强锄划松土来提高地温和保墒即可。如果冬前苗情过旺，冬前处理之后在返青期出现苗情转弱或脱肥，则可以适当追施起身水。

其次，对于介于壮苗和弱苗之间的中等苗情，因总茎数稍低，所以返青期要注意追施水肥来争取春蘖发生，提高整体穗数。

再次，若冬前苗情偏弱，则需要在返青期通过锄划增温，促使麦苗尽早返青起身，等到春蘖开始出现且次生根开始生长时，气温已逐渐升高，此时再追施水肥。如果在返青期发现土壤墒足但缺肥，则可以借墒追肥，最佳的时机是开始化冻时。

最后，针对各种异常苗情需采用不同的处理手段，如僵苗和小老苗。僵苗通常是指麦苗处于某一叶龄却生长停滞，很长一段时间不发根也不分蘖；小老苗则指的是麦苗在返青后长出了一定叶片和分蘖，但生长速度极为缓慢，且叶片短小。造成这两种苗情的主要原因是土层较薄、土壤肥力差、土壤板结透气不良造成的根系发育迟缓，需及时锄划以破除表层板结，松土后可开沟浇水补施磷钾肥。

若因越冬气温较低或越冬处理不良造成麦田出现冻害，需要在锄划保墒的基础上，在度过返青期后采用药剂调节手段，可每亩麦田施用 3 克爱多收（丰产素）或丰必灵兑水 15 千克，每周一次，连续 2～3 次；若返青期麦苗出现旺长趋势，则可以在起身期前后每亩麦田施用 30 克 15% 多效唑兑水 40 千克，以防止后期小麦生长过旺而易倒伏。

3. 返青期病虫草害防治

返青期恰逢万物复苏的时期，因此也是小麦病虫害多发时期，需要加强对病虫害的防治，主要需要监测叶锈病、纹枯病、赤霉病、白粉病等病害，以及蚜虫、吸浆虫、麦叶蜂等虫害，并在发现后及时采用防治手段，具体施药可参考第六章病虫害防治技术的内容。

返青期同样是小麦草害多发期，但需注意防治杂草的同时不能对麦田造成减产，所以在实际操作过程中需合理安排除草的时间，同时要针对不同的草害采用不同的药剂防治。

如果麦田中越冬性杂草较多，包括播娘蒿、荠菜等，防治的最佳阶段在春初，即在返青后期和起身前期防治；如果麦田中春生杂草较多，包括麦蒿、猪殃殃、泽漆等阔叶杂草，需要在拔节前进行药剂防治。防治麦蒿可每亩选用10～15克10%的苯磺隆粉剂兑水15千克进行喷雾处理；防治猪殃殃可每亩选用50～75毫升氯氟吡氧乙酸乳油兑水30千克进行喷雾处理；防治泽漆可每亩选用15克苯磺隆加10～15毫升乙羧氟草醚兑水30千克进行喷雾处理。

如果麦田中含有禾本科杂草，包括雀麦等，防治需要使用春季中耕锄草和后期人工拔除的方式，若禾本科杂草过多，可选用对应的药剂防治，但需注意要在晴天无风时进行，避免药剂对其他作物产生影响，造成药害。

第二节　小麦中期田间管理技术

小麦中期田间管理主要针对的是小麦起身期到抽穗期的整个阶段，此阶段是小麦营养生长和生殖生长并进的阶段，是植株茎和穗的主要发育阶段。因营养生长和生殖生长并进，所以会产生争夺营养的矛盾，同时成穗还是影响产量的最核心因素，因此整个中期是小麦种植管理的重要阶段，需要通过恰当的管理措施和手段调控各种矛盾，促使麦田群体稳健生长、穗数达到产量需求等。

小麦整个中期生长阶段是生长量最大、生长速度最快、干物质积累最快的时期，在此阶段总茎数会达到高峰，叶片数量会快速增加，同时此阶段也是穗分化的重要阶段，是决定后期结实率和产量的重要时期。通常当外界气温达到10℃以上，麦苗开始起身，同时分蘖开始两极分化，因此这个时候是增加穗数和提高成穗率的关键时期；当外界气温达到15℃，麦苗会进入拔节期，穗开始进入雄蕊分化及药隔期，这个时候是决定每穗花数的重要时期；当外界气温达到18℃，小麦开始挑旗，穗分化进入四分体期，这个时候是决定结实率的关键时期；后续当外界气温达到20℃，小麦就会进入开花期，此时穗分化会完成，将无法再影响穗数和花数。

一、小麦中期生长发育情况

小麦中期是植株各重要器官的生长发育阶段，主要包括茎叶等与营养转化息息相关的营养器官的生长和发育，以及穗及其中各生殖器官的形成和分化。对小麦中期阶段进行合理科学的管理，就需要从其生长发育的情况着手。

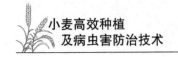

（一）茎秆生长发育情况

小麦的茎秆和叶鞘是支撑小麦的重要器官，茎秆的节间长度、粗壮程度等都会影响小麦的健壮程度和茎生叶的分布情况，从而影响到麦田光照分布和光照产物的积累等，最终对产量造成巨大影响。

基于此，在中期考察苗情时首要任务就是观察茎秆生长发育情况，并针对不同的情况采取合理的有效措施。

1.茎秆构成及生长发育

小麦的茎秆主要由节和节间组成，其中节的部位通常直径较小且为坚硬实心，两个节之间的部分就是节间，通常节间为中空，一般情况下小麦的茎秆节数和该茎上的叶数相同，进入起身期后茎秆的节间会和春生叶片出现同时伸长的情况。

不同的小麦品种、栽培模式和播期会造成小麦的主茎节数有所不同。例如，冬小麦主茎节数有 12～16 个，春小麦的主茎节数则为 7～12 个。小麦的茎节主要为两类，一类是地下节，一类是地上节。地下节处于地表和地表下，密集在一起，不会伸长；地上节则是形成小麦地上茎秆的主要伸长节。

虽然小麦主茎节数差异性较大，但其上部能够伸长并最终形成茎秆的节数却较为稳定。冬小麦一般为 4～6 个节，多数为 5 个伸长节间；春小麦则多数为 4 个伸长节间。通常小麦茎秆的节间数量在小麦生长锥开始伸长后就已固定，但那会儿并不会伸长，当进入拔节期后节间才会伸长。

茎秆的生长主要有 3 个过程，包括节间的伸长、茎秆的增粗、茎秆的充实，节间的伸长过程中茎秆会增粗且不断增加干重。节间的伸长拥有一定顺序性和重叠性，其中最早伸长的节间被称为地上部分第一节间（简称第一节间），从下向上分别为第二节间、第三节间等。每个节间的伸长都会经历慢、快、慢 3 个阶段，相邻的两个节间会出现慢快重叠的共伸期。例如，第一节间快速伸长时，第二节间会缓慢伸长，第三节间开始生长，当第一节间接近最长时，第二节间进入快速伸长期，第三节间进入缓慢伸长期，之后向上类推。通常每个节间从开始伸长到最终定长，时间跨度多为20～30天，节位越高伸长期越短。

小麦的地上茎秆从基部开始，第一节间较细，第二节间和第三节间较粗，穗下的节间又较细。综合来看，小麦的第一节间较短较细但坚韧，上部节间逐渐变长，穗下节间最长，能够达到茎秆长度的1/3，乃至1/2。

当小麦进入开花期，穗下的节间伸长就会结束，株高也就在此时固定，观察小麦茎秆的性状，主要看的是株高、茎秆的韧性、茎秆基部第一节间和第二节间的长短及粗细等。

小麦植株的最佳株高应小于 1 米，但不能过分低矮，以避免叶层过分密集而影响光能利用。其主茎基部位置的第一节间和第二节间的长度和植株抗倒伏能力息息相关，当第一节间长度小于 5 厘米，第二节间长度小于 10 厘米，同时节间的组织较为发达时，植株抗倒伏能力最强。

2. 影响茎秆生长的因素

小麦茎秆最主要的作用就是支撑植株直立，因此对于茎秆的生长发育最关键的就是控制好基部节间的发育情况，以培养出抗倒伏的植株，这也就变相促进了小麦稳产和丰产。

因此，培养抗倒伏能力强的小麦需要在麦苗起身期第一节间和第二节间伸长过程中进行有效控制。例如，可以在起身期控制水肥，并采用深中耕和镇压的方式，促使壮苗和旺苗的基部节间矮化且更为坚韧。

影响茎秆生长的因素主要有 3 项，一是温度，二是光照，三是养分。当外界温度达到 10℃以上时，茎秆就会开始伸长，12 ～ 16℃是节间最佳伸长温度，此温度阶段形成的茎秆矮短且粗壮，坚韧且抗倒伏。当外界温度达到 20℃时，茎秆就容易伸长过快，也容易徒长，从而导致抗倒伏性较差。

强光照对小麦茎秆而言，具有一定的抑制伸长的作用，强光照能够压制茎秆细胞伸长，更有利于茎秆中机械组织的发育和强壮，从而提高抗倒伏性。

以常理而言，植株的生长发育过程中，保障其养分才是对植株最佳的做法，对于小麦茎秆而言，在茎秆伸长过程中，若土壤中氮素养分不足，就易使植株矮小，氮素含量适宜则有利于节间伸长，氮素含量过高就会造成茎秆发育不良。磷素则能够有效加速茎秆的发育，提高其抗折断的能力。钾素可以促进茎秆内纤维素的形成，同时也能加强物质的运输，从而增强茎秆中的机械组织，令茎秆内部更加充实坚韧。所以在茎秆伸长期，配合氮磷钾肥的供应，就可以促使茎秆中的机械组织发育，从而提高其抗倒伏性。

（二）穗分化情况

小麦的穗是复穗状花序，穗的中轴被称为穗轴，其由一个个节片组成，每个穗轴节片的顶端都着生一个小穗，每个小穗均由两个颖片和其间的若干小花

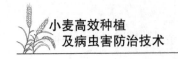

组成，小花相对互生在小穗的梗上。

小花也被称为颖花，由内稃、外稃和两者之间的雄蕊、雌蕊、浆片组成。雄蕊由花药和花丝组成，每朵小花均含 3 枚雄蕊，即含有 3 枚花药，每个花药有二裂，每裂还分为两室，最终在花药成熟时贮藏花粉；雌蕊由柱头和子房组成，其中子房基部靠外稃的两侧均有一片无色薄膜状浆片。

1. 穗的分化过程

小麦穗的分化共需要经历 8 个时期，分别是初生期、生长锥伸长期、单棱期（即穗轴分化期）、二棱期（小穗原基分化期）、小花原基分化期、雄雌蕊原基分化期、药隔形成期、四分体形成期。

（1）初生期

严格意义上来说，初生期可以不算作穗的分化阶段，麦穗是由小麦的主茎或分蘖的生长锥分化发育而来的。初生期是小麦通过春化阶段之前的那段时间，主茎的生长锥是半圆球形突起，特征是宽度大于长度，主要作用是分化节、节间和叶片。经历春化阶段进入光照阶段后，茎的生长锥就会分化发育成穗，其生长锥的伸长就意味着正式进入了穗分化阶段。

（2）生长锥伸长期

生长锥伸长期就是茎或分蘖的生长锥开始慢慢伸长的时期，最显著的特点是长度开始大于宽度，并呈现为光滑透明的圆锥形。此阶段生长锥基部叶的原始体已经分化完毕，即开始从营养器官分化阶段进入生殖器官分化阶段，也意味着进入了穗分化阶段。

（3）单棱期

单棱期也被称为穗轴分化期，当生长锥伸长到一定长度后，会开始从生长锥的基部自下往上出现类似叶原始体的环状突起，被称为苞叶原始体，其着生于穗轴之上，随着穗轴生长，但生长到一定程度后就会停止发育并逐步消失，两片苞叶原始体中间的就是穗轴节片。[①] 因为苞叶原基突起部分呈现为棱形，所以被称为单棱期。单棱期穗轴的分化是从基部向顶端进行的。

（4）二棱期

穗轴节分化到一定程度之后，幼穗中间部位两个相邻的苞叶原始体之间会长出一个突起，之后从上到下每两个相邻苞叶原始体之间都会出现突起，这就

---

① 黄磊玉 . 小麦穗分化时期及温光水因素对小麦穗分的影响［J］. 农村科学实验，2017（1）：80，79.

是小穗原始体。小穗原基和苞叶原基会呈现为一大一小两个棱形，因此该阶段被称为二棱期，也是小穗原基分化期。

整个二棱期持续时间较长，小穗原基和苞叶原基的外在形态会在此阶段发生非常明显的变化，因此二棱期还可以细分为 4 个时期，分别是二棱初期、二棱中期、二棱末期和颖片分化期。

二棱初期指的是最上端小穗原基出现的阶段，此阶段穗的二裂性并未形成，小穗原基形成的棱状突起也并不明显，此时期茎秆的基部节间刚开始活动伸长，第一节间在 0.1 厘米以下。

二棱中期小穗原基的数量会明显增多，体积膨大并快速超过苞叶原基，此时穗的二裂性已明显可见，小穗原基和苞叶原基形成的棱最为明显，不过同侧相邻的小穗原基尚未开始重叠。

二棱末期小穗原基会进一步伸长，同时同侧相邻的两个小穗原基开始出现重叠，下位的小穗原基顶部会遮挡住相邻的上位小穗原基的基部。此阶段二棱状又开始变得不明显，持续到二棱末期，小穗原基的二裂性会非常明显。

颖片分化期在二棱末期发育最早的小穗原基的基部，再次出现突起，此突起就是颖片原始体，在很短的时期内颖片原始体就会发育成颖片，两个颖片中间的组织之后会分化为小穗轴和内小花等。[①]

整个小穗原基分化会从麦苗中下部开始，然后中部开始分化，之后是中下部分化，再之后是基部分化，最后是顶部分化。但顶部小穗的小花原基分化却比基部早，即基部小穗分化开始早却进程慢。

（5）小花原基分化期

小穗原始体基部出现颖片原始体之后，很快小穗原始体上方会再次出现突起，这就是小花原始体，其从幼穗中心部开始向下相继分化。第一个出现的小穗原始体分化出第一朵小花原始体，之后依次向下蔓延。

此阶段麦苗的茎秆第一节间已明显伸长，第二节间也开始进入伸长期，茎的总长度在 2 厘米左右，麦苗开始进入拔节期。

（6）雄雌蕊原基分化期

麦苗的幼穗中部小穗原始体分化出三四个小花原始体时，第一个出现的小

---

① 胡英菲，高文娇，毕婵，等．小麦幼穗分化动态及其影响因素研究进展［J］．南方农业，2016，10（18）：12-13．

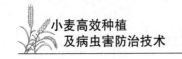
花原始体中央会出现 3 个半球突起，即雄蕊原始体，之后 3 个突起会分开并从中间再出现一个突起，这就是雌蕊原始体。此时麦苗正值拔节期，茎的总长度为 3 ～ 4 厘米。

（7）药隔形成期

雄雌蕊原始体分化后小花原始体的各个部分会快速生长发育，其中雄蕊原始体会从半球状发育为柱形，并逐渐成为方柱形，之后花药原始体开始从上向下出现纵沟并二裂，每裂隔为两室，最终每个花药原始体会发育出 4 个花粉室，也被称为花粉囊。这就是药隔形成期。

在雄蕊原始体分化的同时，雌蕊原始体也会迅速发育，其顶部的原始体会快速伸长。

此阶段麦苗的第一节间和第二节间已接近定长，第三节间开始伸长，整体处于小麦拔节末期、孕穗前期。

（8）四分体形成期

随着雄蕊花粉囊的形成，其中的孢原组织会进一步进行发育，成为花粉母细胞，花粉母细胞经过减数分裂形成四分体（花粉母细胞减数第一次分裂前期两条同源染色体联会，从而形成一个拥有 4 条染色单体的复合体，被称为四分体），所以此阶段被称为四分体形成期。此时期是小花向有效和无效两极分化的关键时期。

此阶段植株的外部形态处于旗叶叶环高于旗下叶叶环 2 ～ 4 厘米的阶段，属于小麦整个生育期中孕穗后期和孕穗末期。

2. 影响穗分化的因素

小麦的穗是由穗轴和小穗组成。通常一个大穗拥有 15 ～ 20 枚小穗，也有可以达到 25 枚小穗的大穗；每枚小穗通常发育有 3 ～ 9 朵小花，通常每个大穗有小花 160 ～ 190 朵。花器官发育完全之后能够正常开花结实的，被称为结实小穗，也叫有效小穗，无法开花结实的被称为不孕小穗，也叫无效小穗，通常大穗上部的小花易发育不完全，最终会退化。

通常情况下，无效小穗多出现于大穗的基部或顶部，通常有 1 ～ 2 枚，多的达 5 ～ 6 枚，每一枚小穗通常会有 2 ～ 3 朵小花结实，若管理较好，能有 3 ～ 5 朵小花结实，小花结实即最终发育为一枚籽粒，因此，通常情况下一个大穗平均结实籽粒数为 30 ～ 40 粒，大穗型小麦品种每个大穗则能够达到平均结实 50 粒以上。

纵观小麦穗分化的 8 个时期，除初生期外，从生长锥伸长期到小花原基分化期的前 4 个时期均与大穗可形成的小穗数、小花数关系重大，主要属于生殖生长，因此，在此阶段适当的低温条件（10℃以下，若为 10℃以上则茎秆开始伸长并抢夺营养）可有效促进生殖生长，即能够令穗分化的时间有效延长，只要水肥供给适宜，就能够获得较多的小穗数和小花数，对后期大穗的产生和产量的提高有很大影响，这也是俗话所说春寒出大穗的科学根据。

从雄雌蕊原基分化期到四分体形成期，则是决定有效小花数量的关键时期，也可以说是决定最终大穗穗粒数的关键时期，通常拥有充足的水肥条件，辅以合理的管理手段，能够在一定程度上减少小花的退化，从而令大穗拥有更多的穗粒数。尤其是穗上发育最早的小花进入四分体形成期后，之后 1～2 天能够进入此时期的小花均会集中进入此时期并发展为有效小花，而未能在这 1～2 天进入此时期的小花则会停止发育并退化，因此四分体形成期是小花向有效和无效两极分化的节点期。

不过，穗分化毕竟属于极为微小的变化，普通的肉眼观察通常很难进行准确把握，因此可以结合生育期和叶片发育情况来推断穗分化的时期，从而采取有针对性的措施。穗分化各时期与叶片发育情况对应关系如表 3-1 所示。

表 3-1　穗分化各时期与叶片发育情况对应关系

小麦生育期	穗分化时期	春生叶数/片	叶长/厘米	判断方式
返青期	生长锥伸长期	开始生长	0	叶片转青绿
	单棱期	1	4～5	春生第 1 叶伸长
起身期	二棱期	2	5～6	春生第 1 叶与冬前叶的叶耳距：1.5～2.0 厘米
起身末期 拔节初期	小花原基分化期	3	9～10	茎高 1～2 厘米
拔节期	雄雌蕊原基分化期	4	9～10	茎高 3～4 厘米
拔节末期 孕穗初期	药隔形成期	5	10～11	第三节间伸长

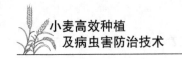
小麦生育期	穗分化时期	春生叶数 / 片	叶长 / 厘米	判断方式
孕穗期	四分体形成期	6（全叶）	10 ～ 11	旗叶与旗下叶的叶耳距：4 ～ 6 厘米

影响小麦穗分化的因素主要取决于前面提到的两个重要阶段：一个是穗器官的形成期，最关键的是小花原基分化期所处的小麦生育期中的起身期；另一个是穗器官分化和发育期，最关键的是四分体形成期所处的小麦生育期中的孕穗期。

综合而言，需要针对这两个阶段进行水肥的控制。例如，在温度处于 10℃以下的返青阶段，需要尽量保障麦田的水肥，有效延长幼穗的小穗和小花的分化时间，从而使小穗和小花数目得到增加。对于北方冬麦区而言，因春季温度回升较慢，所以只要掌控好时期满足各器官分化所需的水肥，就容易形成大穗；而对于春麦区而言，若处于适宜早播的地区，穗分化开始比较早，外界温度又较低，也较容易形成大穗。

其中，四分体形成期对光照、水分和养分都比较敏感，缺少光照会令不孕小花增多，缺失水分则会令小花的性细胞分化不畅从而不孕。氮素能够在一定程度上延长穗器官分化的持续时间，对应发育时期追施氮肥能够增加该器官的分化数目，也相应能减少该器官的退化数目。例如，在药隔形成期追施氮肥，能够显著减少小穗的小花退化数量，从而提高有效小花的数量，最终提高穗粒数。磷素能够提高穗器官的分化速度和强度，可以在四分体形成期之前追施磷肥，减少小花退化数量，相应提高结实率。

二、中期苗情管理措施

中期麦田的管理，主要是春季管理，在水肥方面需要综合考虑和运筹，此阶段麦田的苗情变化较快且比较复杂，因此需要针对苗情综合运筹管理措施，然后需要根据苗情采用有针对性的管理方式。

（一）综合运筹水肥管理

相对来说，高产的肥田需要稳定穗数，争取每穗粒数，所以水肥管理重点要放在起身期和拔节期，更倾向于拔节期；普通大田则主增穗数，兼顾粒数，所以水肥管理重点需要偏向起身期；弱苗田或肥力偏低的瘦地，则需要将水肥管理重点提前到返青期，以壮苗为主，兼顾穗数。

普通大田的整个中期管理过程中每亩可追施 5～7 千克氮肥。若苗情以壮苗为主，则可以在起身期追施 3 千克左右，在拔节期追施 3 千克左右；若苗情以弱苗为主，则需要在返青期追施 1.5 千克左右，在起身期追施 3 千克左右，在拔节期追施 1.5 千克左右。

高产肥田的整个中期管理过程中每亩可追施氮肥 10 千克左右。若苗情以壮苗为主，可以在起身期追施 3.5 千克左右，在拔节期追施 6.5 千克左右，也可以在起身期和拔节期各追施 5 千克左右，可根据苗情和气候情况选用；若苗情以旺苗为主，或属于晚播麦田，则可以在拔节期直接追施 10 千克左右，视苗情来确定是否追施孕穗肥。

（二）起身期管理

起身期比较关键的管理内容是合理控制分蘖的两极分化，根据产量需求、土壤肥力情况及气候特性，保证麦田发育出合适的穗数，同时要促进小花的发育，为后期增加粒数奠定基础。

若返青期并未追施水肥，对于普通生产水平的麦田可以追施起身水肥，一来能够促进大蘖成穗，二来可以促进小花分化，为后期获取有效小花打下基础。当然，起身水肥也容易导致小蘖的退化推迟。所以若麦田群体较小，可以适当追施水肥，优势较为明显；若麦田群体适中，则需要针对苗情适当采用缓和措施；若麦田群体较大，则弊端较大，所以可不进行起身水肥的追施，可适当进行延后。

如果麦田苗情较弱、苗株较稀疏，需要适当提前追施起身水肥，追氮量可以是中期总施氮量的一半，具体的施肥时间可以是在植株刚出现空心蘖时。若麦田苗情属于壮苗，则可以不追施起身水肥，可适当进行蹲苗来促进分蘖两极分化，同时可有效改善群体下部区域的受光条件。若麦田苗情属于旺苗，则可以在起身初期进行深中耕来促使小蘖死亡，保证大蘖的生长发育和成穗数量。

通常在起身期可以适当进行中耕镇压，对弱苗和普通苗而言这样能够推动小蘖追赶大蘖，从而提高成穗率，对壮苗和旺苗而言这样则可以控制小蘖发育，推动大蘖更加健壮。起身期的镇压需要控制好时间节点，在分蘖高峰过

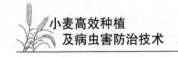

后，分蘖两极分化刚开始，同时第一节间尚未伸出地面时为最佳。对于旱地麦田，起身期需要进行中耕除草来防旱保墒。

除控制大蘖、成穗及小花发育之外，起身期也是预防小麦倒伏的重要时期，可以针对苗情适当喷施多效唑、矮壮素等药剂，控制植株生长，以实现拔节期第一节间和第二节间的健壮。

（三）拔节期管理

从整个小麦中期苗情来分析，拔节期追施水肥益处极大，可以显著减少后期不孕小穗和不孕小花的数量，同时可以促使营养生长，增大叶面积，从而延长植株上部叶片的功能期，为后期籽粒的形成和灌浆营养的给予打下基础，同时还可以促进第三节间及其上各个节间伸长，从而形成大穗和健壮株型。

因此，除非在之前追施水肥过多，麦田群体植株生长过旺，否则都可以追施拔节水肥。若麦田苗情偏弱苗，土壤肥力偏弱，起身期并未追施水肥，可以在春生第 4 片叶伸出时追施水肥；若麦田苗情属壮苗及旺苗，或起身期追施水肥较晚，可以在春生第 5 片叶伸出时追施水肥。

（四）孕穗期管理

孕穗期恰逢小麦穗分化的四分体形成期，是植株水分临界期（作物对水分不足异常敏感时期，若不及时补充水分会造成难以弥补的损失），对土壤水分非常敏感，在此时期小花会集中退化，同时花粉形成，因此保证该时期的水肥有助于花粉粒正常发育并减少小花的退化。

另外，孕穗期保证水肥能够延长后续灌浆期间叶片的光合作用，从而有助于植株积累较多营养为灌浆提供所需养分，有助于提高粒重及籽粒中蛋白质含量，从而提高籽粒的品质。所以，不论小麦处于何种苗情，若前期并未追施水肥，孕穗期也必须进行追施。如果拔节或前期追肥较少，植株叶片有发黄或脱肥表现，则需要补施少量氮肥。

（五）病虫草害防治

小麦的中期生长发育主要是从起身期到孕穗期，因处于春季开端，北方麦区很容易出现晚霜和春寒潮，所以需要时刻关注天气情况，可在寒潮到来之前浇水保墒。

此阶段易发生的病害主要有白粉病、叶锈病、赤霉病、纹枯病等，不同的病害需要采用不同的措施进行防治。例如，针对小麦白粉病，可在麦田病茎率达到20%时，每亩施用25%多菌灵500倍液，或20%粉锈宁乳油40～60毫升进行喷雾处理；针对小麦纹枯病，可在麦田病株率达到15%时，每亩施用5%井冈霉素200～300克兑水30～50千克，针对植株基部进行喷雾处理；针对小麦赤霉病，可在孕穗期（四分体形成期）每亩施用50%多菌灵可湿性粉剂100克，或70%甲基托布津可湿性粉剂50～75克兑水60毫升进行喷雾处理，可在降雨前施用一次，降雨后施用一次；针对小麦条锈病，需及时针对发病中心进行药剂防治，可每亩施用15%三唑酮粉100克兑水进行喷雾处理。

此阶段较易出现的虫害有蚜虫、麦叶蜂、吸浆虫等，其中吸浆虫对产量影响巨大，可使用蛹期毒土防治或成虫期叶面防治。蛹期毒土防治主要在孕穗后期，每亩施用48%乐斯本200克或50%辛硫磷250克兑水2千克，将其喷洒在20～30千克细沙土上，之后搅拌均匀撒在麦田并及时进行浇水，这样能发挥药剂最大效用。成虫期叶面防治主要在孕穗期之后的抽穗期，每亩施用10%吡虫啉可湿性粉剂15克兑水50千克进行叶面喷雾处理。

另外，此阶段的草害主要采用人工拔除的方式进行防治，需要及时将拔除的杂草带出麦田并集中进行销毁。

第三节 小麦后期田间管理技术

小麦后期田间管理主要覆盖了小麦生育期的抽穗开花到籽粒成熟的最后阶段，通常维持时长约35～40天。小麦开花之后，植株的营养器官均已分化完全并形成，从此时开始小麦营养生长结束，转入完全生殖生长阶段。

因此，小麦后期的籽粒成为生长中心，但因为营养生长结束，根系、叶片等营养器官开始进入功能衰弱期，不仅新根不再产生，老根的吸收养分能力也开始减弱，叶片同样开始从下至上逐渐变黄死亡。

同时，此阶段大穗数、小穗数和小花数均已定型，所以此阶段最主要的任务是保证穗粒数和籽粒重量，需在中期管理的基础上，尽量延长根系和叶片的功能期，尤其是要提高上部叶片的光合效率以促进灌浆，最终实现高穗粒数和高粒重，达到丰产高产的目标。

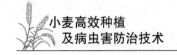

一、小麦后期生长发育规律

整个小麦后期的生长发育，可以分为两个阶段：第一个阶段是抽穗后的开花受精阶段，是为后期籽粒生产和发育打基础的阶段；第二个阶段则是籽粒的形成及灌浆成熟阶段，是非常重要的营养积累阶段。

（一）抽穗后的开花受精

此阶段主要包括小麦生育期中的抽穗期和开花期，通常小麦在孕穗之后12天左右抽穗，抽穗后 3 ～ 5 天就会开花。抽穗期的特征是大穗的顶部开始从叶鞘之中露出，直到最终整个大穗显露于叶鞘外；进入开花期的标准是麦田中有50% 大穗的中部位置小穗的小花开花，开始开花的大穗会持续开花 2 ～ 5 天，整个麦田的开花期通常会持续 6 ～ 7 天。

1. 开花授粉过程

小花开花时，小花中的雄蕊的花药会开裂撒落花粉到雌蕊柱头上，即小花的授粉；授粉后花粉会在 1 ～ 2 个小时内发育出花粉管并穿过柱头和花柱，精子会随花粉管进入雌蕊子房完成受精，此过程会持续 1 天左右。[①]受精之后的子房开始膨大并逐步形成籽粒。

因小麦是自花授粉，所以小花数量和最终籽粒数的关系非常紧密，只要授粉过程中条件适宜，最终形成的籽粒数通常和小花数量较为接近。小花开花的直接表现就是内外颖片张开，其开花持续时间很短，从张开到闭合仅维持 15 分钟左右，绝大多数品种的小麦每日开花的高峰期有两个，一个是上午 9 时到 11时，一个是下午 15 时到 18 时，有少部分品种的小麦开花高峰期每日仅一次。

2. 开花授粉适宜条件

小花开花最适宜的温度是 18 ～ 20℃，最低温度为 10℃左右，最高温度为30℃左右，同时要求相对湿度在 70% ～ 80%，通常温暖晴朗的天气最有利于开花，而高温干燥天气、阴雨连绵天气、大风降温天气均不利于开花。如果外界温度高于 30℃或相对湿度为 20% 以下，又或两者同时出现，就容易造成小花生理干旱从而使其失去受精能力，造成结实率低下、无法形成籽粒的后果；如果外界温度在 –2℃及以下，雄蕊的花药会受害，也会使小花失去受精能力而无法

① 卢炜炜.冬小麦高产栽培后期管理技术［J］.河北农业，2019（6）：8-10.

结实。

通常情况下只要不遇到极端天气，正常气候条件下小麦的开花受精均可正常完成，不过开花期是小麦植株内部新陈代谢最旺盛的时期，小麦需要消耗大量的水分和养分，所以此时期必须注意保证供水，这也是提高结实率的关键。

（二）籽粒的形成到成熟

开花受精之后，子房就会膨大并逐渐吸收营养发育为籽粒，从受精到最终籽粒成熟，不同气候条件下所经历的时间也会有所不同，影响经历时间的条件有光照、供水、日平均气温及昼夜温差。例如，在青藏高原地区，小麦后期阶段光照充足且日平均气温较低，昼夜温差较大，所以在保证供水条件的情况下，从受精到籽粒成熟所经历的时间就比较长，能够达到 40～50 天，从而令籽粒更加饱满、营养成分更加充足，有利于形成大粒种子。此过程可以细分为 3 个时期。

1. 籽粒的形成

小麦受精后，子房的体积会快速膨胀，开始膨胀时被称为坐脐。从膨胀开始到达到籽粒最大长度的 75%，这段时间是内部形成胚和胚乳的时期，此时期就是籽粒的形成时期，籽粒需水量会急剧增长，该时期的籽粒含水量能达到70% 以上，其中干物质的积累并不多。此时期持续时间约 10 天左右，当籽粒长度达到最大程度的 75% 时，籽粒被称为多半仁。

此时期籽粒主要是长度增加，宽度和厚度并不会增加太多，其表皮会从灰白色逐步转变为灰绿色，胚乳也会从原本的透明清水状逐渐转变为清乳状。因此时期需水量大增，所以如果遭遇高温干旱的天气、光照不足的阴雨天、严重的白粉病或锈病等病害，就会造成籽粒不再发育，甚至退化干缩。在此时期需要保证水肥供应，并注意病害防治，这样可以有效提高穗粒数，并减少籽粒退化。

2. 灌浆期

灌浆期指的是从多半仁到籽粒蜡熟之前这一时期，该时期是积累干物质的主要阶段，通常历时 20 天左右，过程中籽粒中的水分量维持在多半仁时的水分量，所以随着干物质的增加，籽粒的含水量会逐步降低。整个灌浆期还可以细分为乳熟期和面团期。

（1）乳熟期

乳熟期是籽粒干物质急剧增长的时期，也是粒重增长的主要时期，此时期持续时间约 15～18 天，胚乳会在此时期逐渐从清乳状转变为炼乳状，籽粒含

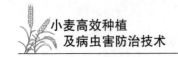
水量会逐渐下降到45%。在乳熟期籽粒的长度、宽度和厚度都会增加，当籽粒长度达到最大值时，籽粒被称为青籽圆，之后籽粒的宽度和厚度加速增长，逐步成长到籽粒的最大体积，被称为顶满仓。①

籽粒中干物质的增加，会令籽粒外部颜色从灰绿色转变为绿黄色，同时籽粒表面会出现光泽。乳熟期小麦植株的变化较为明显，其下部的叶片开始枯死，中部叶片会逐步变黄，但茎秆和穗依旧呈现为绿色。在外界温度较低、湿度较大的条件下，乳熟期会适当延长，其越长积累的养分越多，籽粒也就越充实，若外部温度较高且干旱，乳熟期就会缩短，从而积累的养分就会较少，籽粒就容易瘦小。

（2）面团期

当籽粒体积达到最大后，籽粒开始从乳熟期进入面团期，此时期籽粒中干物质的积累速度开始变慢，籽粒内的胚乳会逐渐变得黏稠呈面筋状，且随着含水量的降低，籽粒体积开始缩小，籽粒的表面颜色从绿黄色变为黄绿色，同时表面逐渐失去光泽，此时期籽粒的含水量会下降到40%以下，持续大约3天。

整个灌浆期是决定粒重的关键阶段，田间管理时最需要注意的就是防止植株倒伏。

3.籽粒的成熟

小麦灌浆结束后，就会进入籽粒成熟期，又可分为蜡熟期和完熟期两个时期。

（1）蜡熟期

蜡熟期籽粒中的可溶性物质会大量转化为不溶性贮藏物质，籽粒颜色开始逐渐变黄，体积继续缩小，因籽粒中的胚乳开始从乳状转变为蜡质状，所以被称为蜡熟期。

整个蜡熟期历时3～4天，初期植株旗叶会逐步变为黄绿色，下部和中部叶片会变脆，颖壳也开始褪色从绿色变为黄色，籽粒的含水量继续下降，达到30%～40%；蜡熟中期小麦植株所有叶片都转黄，茎秆开始转黄但依旧有光泽，此时期籽粒中的有机物质依旧在缓慢积累，籽粒含水量下降到25%～30%；蜡熟末期小麦整个植株都变为黄色，但茎秆依旧有弹性，在此时期养分不再向籽粒运送，籽粒不再积累有机物质，同时籽粒体积变小并变硬，籽粒含水量下降到20%～25%。蜡熟末期籽粒的干重达到最高，是最适宜的收获期。

---

① 郭春艳，赵俊峰.小麦生育后期特点及高产管理技术［J］.种业导刊，2020（4）：37-38.

（2）完熟期

此时期小麦植株全部枯黄，穗茎开始变脆易折断，籽粒开始变硬，其含水量会继续下降，体积随着含水量降低而缩小，直到含水量下降到 14% ～ 16%，该时期的籽粒被称为硬仁。籽粒因变硬变小，所以易于从粒壳中脱落，在收获时很容易造成落粒、脱穗等，从而产生损失。

若完熟期再不及时收获，籽粒自身的呼吸消耗和降雨的淋溶作用，会令籽粒的干重继续下降，同时含水量也会继续下降到 13% ～ 14%。另外，遭受降雨还易引起穗发芽，从而再次产生损失。

二、小麦后期田间管理措施

小麦后期的田间管理是提高粒重获得丰产的关键，进行科学合理的后期田间管理首先需要了解清楚有哪些因素影响籽粒的形成和成熟，之后再有针对性地实行管理措施，这样方能起到事半功倍的效用。

（一）影响籽粒发育的因素

对籽粒发育产生影响的因素主要包括温度、光照、水分、养分、气象及病虫害等。

1. 温度影响

小麦籽粒灌浆最适宜的温度是 20 ～ 22℃。温度高于 25℃容易造成叶片早衰从而缩短灌浆过程，导致籽粒营养物质积累较少从而千粒重降低、减产；若温度高于 30℃，即使拥有灌水条件能够进行适当降温，也会导致籽粒中淀粉的积累停止从而减产。[①] 通常热干风就是对籽粒发育产生重大影响的高温危害。

针对热干风的影响，在后期热干风出现频繁的地区，在小麦生产过程中一定要选择适期播种，这样可以促使植株早抽穗、早开花，从而令籽粒灌浆期处在最适宜的条件中。

2. 光照影响

小麦灌浆期需要拥有充足的光照条件，只有光照条件充足才能保证叶片能

---

① 张芳.小麦后期管理关键技术［J］.河南农业，2021（13）：44.

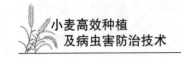
够通过光合作用转化出足够的养分供给籽粒，从而增加粒重达到增产。若小麦灌浆期遭遇连绵阴雨天气就容易光照不足，从而影响光合作用造成减产。

3. 水分影响

小麦籽粒的形成和灌浆，对水分的要求很高，适宜的土壤水分对争取较高的千粒重有非常重要的作用，尤其开花期是小麦第二个水分临界期。在其他条件适宜的状态下，小麦灌浆期最适宜的土壤含水量为最大持水量的75%左右。若超过85%就会引起小麦贪青晚熟（即养分向营养生长靠拢，根茎叶生长发育旺盛，小麦在开花期迟迟无法开花），还会加重小麦病害的发生；若不足50%将会令灌浆期持续时间过短，从而使粒重变小。

4. 养分影响

小麦后期籽粒形成及成熟对养分的需求主要有两个部分。一部分是植株养分，即有机营养；另一部分是土壤养分，即无机营养。

有机营养就是植株通过绿色部分的光合作用制造出的光合产物，小麦籽粒干物质绝大多数源自植株绿色部分的上部，其中来自旗叶的占37.4%，来自穗部的占29.5%，来自穗下节间的占20.3%，其他来自倒两叶和倒二节间。[①]

也就是说小麦最上部的3片功能叶对籽粒的形成和灌浆及粒重影响极大，所以从抽穗到灌浆都需保证上部3片功能叶不受损害，令其拥有旺盛的机能，只有这样才能保证粒重。当然，灌浆后期还需要3片功能叶能够适时衰败，正常落黄，否则灌浆后期功能叶依旧旺盛，就属于贪青，虽然依旧在进行光合作用，但多数营养物质供给了自身，被运送到籽粒的光合产物大幅减少，从而灌浆速度减慢，影响粒重。

无机营养就是土壤中氮素、磷素、钾素等，是植株生长发育过程中通过根系吸收的营养。在灌浆期若土壤氮素较为适宜，则能够有效延长小麦植株绿色部分的功能期，促进叶片的光合作用，以产生更多光合养分供给籽粒，从而提高粒重；若灌浆期土壤氮素不足，小麦植株就容易出现早衰症状，叶片光合作用效果就会降低从而影响养分供给，会使粒重降低；若整个后期土壤氮素过量，则会引发小麦贪青晚熟，从而拉低粒重。

土壤磷素适宜可以有效促进植株中碳水化合物及含氮物质的转化，能够有效加强养分向籽粒的供给，从而利于提高粒重。

① 徐春光 . 小麦后期健穗增产管理技术研究 [J] . 现代农业科技，2020（7）：15，17.

5. 气象影响

小麦整个生育后期的生长，最适宜的空气湿度是60%～80%，从开花到灌浆最适宜的温度是16～24℃，而影响空气湿度和外界温度的直接因素就是气象条件。尤其在灌浆期若遇到不良气象天气，就很容易导致小麦粒重下降，包括连续阴雨、高温天气、暴风雨、雨后暴热、热干风等，其中热干风是影响小麦粒重最主要的一种气象灾害。

因此，在整个小麦生育后期应时刻关注天气情况，做好防范措施，尽可能降低不同气象灾害对小麦产生的不良影响。

（二）后期田间管理方案

从小麦后期生长发育特性来看，小麦后期田间管理需要着重从3个方面入手，一是水分供应，二是合理追肥，三是病虫害防治。

1. 水分供应

小麦从抽穗开花到籽粒形成对水分的要求很大，若水分供给不足就会造成籽粒退化等，对粒重和产量影响极大，所以必须浇好抽穗扬花水。籽粒形成阶段小麦的耗水量能够占据整个生育期耗水总量的40%，所以抽穗扬花水一定要浇足浇透，可适当结合追施氮肥来增加绿叶面积，为后期灌浆打下基础。

小麦进入灌浆期后，植株根系的功能将逐步衰弱，因此其对环境条件的适应能力也会相应变弱，所以灌浆期需要土壤保持较为平稳的地温和含水量，以土壤含水量占最大持水量的70%～75%为适宜。可以根据具体情况适时浇灌浆水，以达到以水养根的效果。

灌浆水的浇灌次数和每次浇水量需要根据实际情况决定，需要参考土壤质地、土壤墒情及麦田苗情，如果土壤底墒较足且保水性能好，植株有贪青趋势，可以浇一次小水或不浇水。其他情况下可在扬花水之后10天浇灌浆水，需要注意灌浆水不能大水漫灌，避免水过大淹根造成根系窒息，保持麦田无积水且土壤含水量达最大持水量的70%～80%为最佳。

另外，在浇灌浆水之前需要关注天气情况，因灌浆期小麦穗部增重较快，根系功能衰退，所以需注意避免土壤墒情过高产生植株倒伏，需遵循刮风不能浇、小风要快浇、无风可抢浇、气候适宜可昼夜轮浇的原则。停浇灌浆水的时间需要视实际情况而定。若土壤肥力高、氮肥重，灌浆期植株叶面未变黄，则

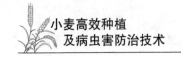
需要提早停水以便控肥，避免小麦贪青晚熟；若遭遇多雨年份，则可以提早停止浇灌浆水；正常年份下可以在麦收之前 10 天左右停止。

2. 合理追肥

小麦生育后期阶段，根系的吸收作用已经偏弱，若发现小麦在开花到乳熟期有脱肥现象，采用土壤追肥不仅难以快速起到效用，而且容易造成浪费，可以采用根外追肥的方法进行合理追肥。

若苗情较差，可以通过叶面喷肥来进行追肥，通常在开花之后到灌浆初期进行叶面喷肥，这对粒重增加有很好的效果。喷施时需要根据苗情合理选择药剂，可选用的叶面肥包括 1% 尿素、2% 硫酸铵、1% 硫酸钾、0.2% ～ 0.3% 硼砂、0.2% 硫酸锌、0.02% 亚硝酸钠、0.2% 光合微肥、0.03% 稀土微肥等，喷施时不能浓度过大。喷施时间可以选择在无风的晴天、阴天的 10 时以前或 16 时以后，这样可有效避免药剂蒸发。同时，喷施时要避开小麦扬花期，以免影响小麦的正常授粉。

3. 病虫害防治

小麦生育后期阶段常见的病虫害包括白粉病、叶锈病、蚜虫、吸浆虫、黏虫等，这些病虫害对籽粒的形成和生长发育影响很大，因此整个生育后期一定要做好病虫害测报及防治，这样才能促使小麦增产。

虫害防治需针对虫害情况在恰当的时机进行药剂防治。例如，防治吸浆虫和蚜虫可在小麦上部出现吸浆虫卵，中下部出现蚜虫繁殖时，选用 10% 吡虫啉 1000 倍液或 50% 毒死蜱 1500 倍液进行喷雾处理，喷药最好在扬花之前的白天，喷施时要覆盖植株全部位置。

也可以实行一喷三防技术。在喷施防治虫害药剂时，在药液中加入 20% 三唑酮 1000 倍液、50% 多菌灵 1000 倍液或 12.5% 烯唑醇 1500 倍液等进行混合喷雾处理，这样能够在防治吸浆虫和蚜虫的同时防治白粉病及锈病。在混合药液中加入叶面肥，则能够实现一喷三防的效果。

另外则是麦田中的杂草，需要及时进行人工拔除，多数杂草都比小麦成熟早，因此，需要在灌浆前将杂草彻底清理干净，避免杂草结籽危害麦田，需拔除后带出麦田集中销毁。

第四节　小麦的收获与安全贮藏

要保证小麦最终的优质高产，除田间管理要科学合理，还需要在最佳的收获期采用适宜的收获手段，然后运用科学安全的贮藏技术，最终才能获取最好的经济效益。

一、小麦的收获技术

（一）小麦适宜收获期

通过小麦田间管理中对小麦各个生育期的特性分析，可以知道在小麦蜡熟末期进行收获才能获得最高的千粒重，即蜡熟末期收获能达到最高产量。度过蜡熟期后，小麦籽粒会继续收缩，因为籽粒的呼吸消耗，粒重会持续降低。推迟收获 6 天，千粒重将比蜡熟末期降低 0.72 ～ 1.49 克，若在完熟期收获，仅千粒重的下降就会造成 5% 的减产，同时完熟期还易出现折穗、落粒等现象，同样会造成产量降低。

小麦从蜡熟末期到完熟期的时间较短，因此小麦的适宜收获期也相对较短，所以需要针对当地情况进行合理的安排。尤其是当种植面积较大时，受到人力、物力、机械的限制，根本无法完全保证小麦可以在适宜收获期完全收获，因此需要根据情况适当早收。

（二）小麦收割方法

小麦的收割方法主要有三大类，一类是人工收割，一类是机械收割，还有一类是联合收割。

人工收割主要是通过人力、畜力、机具等对麦田进行收割，需要经历割倒、捆禾、集堆、运输、晾晒、脱粒、清选等工序，不仅需要耗费大量人工，整个收割过程工序也较为烦琐，所以会耗费大量的时间，虽然投资较少但功效较低，且人工收割容易造成小麦较大的损失。采用人工收割时收获期需要适当提前，通常在蜡熟中期即可开始。

机械收割主要指的是割晒机收割，也被称为分段收获，即先使用割晒机将小麦植株割倒，使其呈带状分布在麦田中，然后对其进行晾晒，促使籽粒后

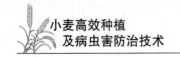

熟，晾晒 2～5 天之后则运用装有拾禾器的收获机进行脱粒和清选。

机械收割需要将整个收获过程分为两个独立的阶段，所以收获期同样需要提前，通常在蜡熟中期到蜡熟末期之间开始。机械收割比人工收割优势明显，一来作业效率更高，二来能够减少落粒及掉穗的损失，同时晾晒提高了籽粒的品质。

联合收割集收割、脱离于一体，能够大大缩短收割时间，且能够降低劳动强度，是如今已普及的收获方法。为便于发挥联合收割机的机械效能，收割小麦的时期通常在蜡熟末期到完熟期之间，需要在籽粒较干的时期进行。联合收割具有效率高、损失少、收割质量好等优势，籽粒的总损失率最低且作业极快。

二、小麦的安全贮藏技术

小麦收获之后，需要进行安全贮藏，一来为了保持籽粒原有的高品质，二来要通过贮藏技术保持籽粒的发芽率。

（一）小麦的贮藏特性

小麦的贮藏特性主要有 5 项。

其一是小麦的后熟期较长，新收获的小麦通常需要经历 1～3 个月的时间才能完成后熟，红皮小麦和春小麦后熟期相对较长，白皮小麦和冬小麦相对较短，但总体而言小麦的后熟期明显长于其他粮食作物。小麦的后熟主要体现在呼吸能力强、代谢旺盛、释放大量水分和热量等方面，通常小麦收获期恰逢高温季节，所以在小麦后熟期很容易因为高温高湿而引发霉变。

其二是小麦的耐热性较强，小麦籽粒中的蛋白质和呼吸酶具有很高的抗热性，在一定范围的高温下籽粒不会丧失生命力，甚至高温能够改善品质，不过温度过高也会引起蛋白质变性。通常当小麦籽粒的含水量在 17% 以上时，温度在 46℃以下不会使小麦丧失发芽率；当小麦籽粒含水量在 13% 以下时，温度在 54℃以下不会使小麦丧失发芽率。同时，在高温情况下籽粒的品质会得到一定提高。一般小麦籽粒含水量越低其耐热性越好，可以针对小麦该特性，采用热密闭入库贮藏技术，不仅可以起到防霉作用，还能有效杀虫。不过，经过后熟的小麦耐热性会降低，需注意避免高温处理。

其三是小麦的吸湿性很强，小麦籽粒的种皮较薄，且籽粒没有外壳保护，籽粒中又含有大量亲水物质，所以吸湿性很强。籽粒吸湿之后非常容易受到霉菌侵染，从而引发热霉变甚至生芽。不同的小麦品种吸湿性有所不同。红皮小麦的种皮较厚所以吸湿性差，白皮小麦的种皮较薄所以吸湿性强；软质小麦的吸湿性比硬质小麦的吸湿性更强；瘪粒和虫蚀粒吸湿性比饱满粒更强。

其四是小麦的防虫性差，因小麦籽粒无外壳且组织相对松软，又易于吸湿，所以防虫性很差，又因为小麦收获期多数处在高温高湿的季节，所以几乎所有储粮害虫都可能对小麦产生危害，包括麦蛾、玉米象、大谷盗、印度谷螟、谷蠹、赤拟谷盗等。

其五是小麦的耐贮藏性强，虽然小麦在后熟期呼吸强度很大且后熟期持续时间会很长，但度过漫长的后熟期后，小麦籽粒的呼吸作用就会变得非常微弱，通常比其他禾谷类粮食作物的呼吸作用都弱，其中红皮小麦的呼吸作用比白皮小麦的呼吸作用更弱。这种特性使得小麦拥有很好的耐贮藏性，能够在标准入库的常温条件下，贮藏 3 ～ 5 年且品质依旧良好；在小于 15℃ 的低温条件下则能够贮藏 5 ～ 8 年且品质依旧良好。新收获的小麦只要经过充分的日晒和干燥，按标准入库就能得到较好的贮藏，非新收获的小麦贮藏稳定性更好。

（二）小麦贮藏过程中易出现的问题

小麦虽然耐贮藏性较强，但在贮藏过程中操作不当，或其本身呼吸氧化作用及各种酶的作用，或微生物及仓库害虫的侵害等，都会令小麦的品质产生劣变，较常出现的贮藏问题有 3 类，包括麦堆结顶、发热霉变和感染虫害。

麦堆结顶主要是由小麦的呼吸作用引发，小麦在漫长的后熟期中会因强呼吸作用释放大量湿热，若贮藏时堆成麦堆，其湿热就容易被上层籽粒吸收，籽粒发生膨胀后就会在麦堆表层形成一层硬块，从而导致麦堆出现温差，温度不均，水分就会分层，湿热不断向上移最终结露，就形成了麦堆结顶现象。[①]

发热霉变主要是由小麦后熟期所释放的大量湿热造成，麦堆内部温度和水分不断升高，为霉菌的繁殖提供了良好的外界条件，霉菌的繁殖导致麦堆内部出现生理变化，如局部发霉，若此时不加控制就会进一步发展为整个麦堆霉坏变质，从而造成大量损失。

感染虫害主要是由各种害虫引发，小麦本身抗虫性较差，所以染虫率较

---

① 鲁莉.小麦种子的管理与贮藏技术研究［J］.农民致富之友，2019（14）：146.

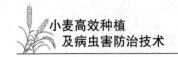
高，当贮藏的小麦感染虫害后，害虫会不断侵蚀小麦进行生长和繁殖，其大量聚集会产生大量的湿热及大量分泌排泄物，从而非常容易导致麦堆发热霉变。同时，害虫会对籽粒造成极大的危害。例如，谷蠹会造成籽粒内部面筋含量降低，致使籽粒发芽率下降从而品质变得恶劣，最终使小麦失去食用价值。

（三）小麦的安全贮藏方法

在收获之后，小麦籽粒首先需要经过清选，因新收小麦混杂物较多，包括杂草种子、秕壳、植株碎片、石块、泥沙、破碎籽粒、虫尸等，这些混杂物通常带菌量较大，易于吸湿，若不进行清选很容易恶化贮藏条件从而影响小麦贮藏。通常可以采用小麦清选机对小麦进行分级和除杂。

除清选之外，安全贮藏之前的基本环节就是对小麦进行干燥，通常可以采用两种方法进行干燥，一种是自然干燥，一种是机械干燥。自然干燥通常是利用通风、日光暴晒、摊晾等方式降低籽粒的水分，通常摊晾厚度不能超过 5 厘米，且需要勤翻动以保证籽粒与日光或空气的接触，从而提高干燥效率。机械干燥则是运用干燥机械的热空气作用降低籽粒水分，从而起到干燥的作用，当籽粒水分达到 12% 以下时即可分品种进行贮藏。

可采用以下几种贮藏方法。一种是干燥密闭贮藏，即小麦经过干燥水分降至 12% 以下后，用各种密闭容器对小麦进行贮藏，若小麦量较小可采用坛、缸、铁桶等，密闭的方式能够避免小麦受潮和吸湿，从而保证小麦长久贮藏。

一种是热入仓密闭贮藏，运用的是小麦自身的耐热性高的特性，能够起到促进种子后熟和杀灭虫菌的效果。可以选择在干燥晴朗的天气，对小麦进行高温暴晒，令其水分降至 12% 以下，温度达到 50℃左右，然后趁热将小麦入仓堆放或散装压盖密闭，需注意做好密闭保温工作，使麦堆温度保持在 44℃以上，之后维持 7 天左右，再打开覆盖物使其散热降温，达到常温后进行密闭贮藏。[①]另外，需要注意的是已经完成后熟的小麦并不宜采用该方法贮藏，因此可以在收获新小麦之后运用该方法。

一种是低温冷冻密闭贮藏，虽然小麦耐热性较高，但想要常年贮藏，一定的低温保持对维持小麦品质和延长贮藏寿命都有很大的效用，可提高贮藏小麦

---

① 李刘军.小麦种子的贮藏管理技术探讨［J］.种子科技，2019，37（8）：51，54.

的稳定性且延缓小麦陈化。低温冷冻密闭贮藏也是北方麦区常用的贮藏方法，具体做法是：在寒冬时节，如三九严寒，对小麦进行翻仓、摊凉、通风、冷冻，促使小麦温度降到0℃以下，然后趁冷入仓将小麦密闭压盖贮藏。冷封闭能够有效消灭越冬害虫及虫卵等，从而令小麦贮藏寿命更长。若有地下仓条件也可利用地下仓进行贮藏。热贮藏和冷冻贮藏可交替使用，即夏季可采用热贮藏，冬季可采用冷冻贮藏，这样通常可以令小麦不变质且不生虫。

　　一种是自然缺氧贮藏，是应用最广泛的一种贮藏方法。其利用的是小麦的后熟作用，后熟期小麦呼吸强度大，生理活动非常旺盛，所以非常有利于自然降氧。具体做法是：在保证麦堆完全密闭的情况下，让小麦经历20～30天的自然缺氧，通过后熟作用仓内氧气浓度能够降到1.8%～3.5%，这样可以起到防霉防虫的作用。[1]此方法适用于新收获的小麦，对于隔年陈麦则可以采用微生物辅助降氧或注入氮气及二氧化碳的方式来达成缺氧贮藏。

_____

① 李永恒. 小麦种子管理与贮藏技术 [J]. 乡村科技，2019（26）：104-105.

第四章 小麦高效水肥管理技术

第一节 小麦田间节水灌溉技术

小麦种植过程中，进行田间灌溉是保证麦田水分充足的重要措施，只有通过科学合理的高效灌溉，在满足植株水分需求的同时保证土壤的透气性，才能实现既节水又促产的功效。

一、土壤水分的认识

对小麦进行高效田间灌溉的前提，是对当地土壤中的水分情况有足够的认识和了解。

（一）土壤水分的有效性

作物种植过程中，生长发育所需的水分基本来自土壤，但土壤之中的水分并非全部能被作物吸收利用。例如，土壤中有些水分会被土壤自身的高吸持力锁定，从而无法被作物吸收。根据土壤中水分对作物的有效性，可以将土壤水分分为有效水、无效水和多余水 3 种。

其中，土壤中能够被作物吸收利用的水被称为有效水，无法被作物吸收利用的水则被称为无效水，暂时存在于土壤孔隙和通气管道中的水则属于多余水。

土壤中水分是否有效，和土壤水分含量及萎蔫系数关系密切，萎蔫系数就是作物在土壤中生长时发生永久萎蔫的情况下（即再进行水分供应也无法令作物恢复生长），土壤尚存留的水分含量，也可以将萎蔫系数理解为土壤中被锁定的水分含量，当土壤含水量低于此系数后，作物就会因缺水而枯萎死亡。不同的土壤质地萎蔫系数并不相同，通常黏土的萎蔫系数比砂土要高。

当土壤含水量等于或小于萎蔫系数时，土壤中剩余的水分就是无效水；当土壤含水量大于萎蔫系数，并小于或等于田间持水量时，土壤中的水分就属于有效水；当土壤含水量大于田间持水量时，土壤中的水分就属于多余水。从萎蔫系数到田间持水量的含水量范围，被称为有效水最大范围，该范围的数据和土壤质地关系密切，通常砂土的有效水最大范围较小，壤土的有效水最大范围最大，黏土则处于中间状态。

（二）土壤水分的类型

受到土壤质地和结构的不同影响，最终产生了不同的土壤水分类型，主要有 4 种。

1. 吸湿水

吸湿水主要指的是土壤干燥土粒靠其表面的分子引力吸附的气态水，吸湿水具有固态水的性质，常温之下无法移动，也没有溶解能力，所以属于无效水，也被称为紧束缚水，通常风干之后的土壤中的水分就属于吸湿水。

2. 膜状水

膜状水主要指的是土粒表面吸湿水的外围，依靠土粒残余的吸附力所吸附的一层极薄的水膜，这部分水就是膜状水，也被称为松束缚水。土壤中膜状水的量达到最大值之后，土壤所含水分量被称为土壤最大分子持水量。膜状水拥有液态水的性质，因此可以被吸收，属于土壤中的有效水，但只有作物根系接触到膜状水时才能将其吸收利用，且膜状水的含量很少，远远无法满足作物的水分需求。

3. 毛管水

毛管水主要指的是存在于土壤的毛管孔隙中的水分，依靠的是土壤毛管结构产生的吸力作用。毛管水可以在土壤毛管孔隙中上下移动，拥有溶解土壤养分、输送土壤养分的作用，属于土壤中作物吸收利用水分中的最重要的一部分，是维系作物生命活动最有效的水分。通常土壤中毛管水的含量能够达到土壤干重的 20% ~ 30%，其也是田间持水量和有效水的最重要、含量最大的组成部分。

毛管水可以根据其是否与地下水相连接而分成两类。

一类是毛管悬着水，此类毛管水并未和地下水连接，如同悬着在土壤之中，是依靠土壤的毛管吸力保存在土壤中的水分。若所在地的土壤地下水位较深，那么土壤上层毛管中就能够保存更多的毛管悬着水，当毛管悬着水达到最大值，土壤所有毛管孔隙都充满水后，此时土壤含水量被称为田间持水量，属于土壤有效水的上限数据，也是判断田间是否需要灌水、灌水多少的依据。不同土壤质地田间持水量也会有所不同，具体如表 4-1 所示。

表 4-1 不同土壤质地田间持水量范围

土壤质地（卡庆斯基制）	田间持水量范围	平均田间持水量
砂土（松砂土和紧砂土）	12% ～ 14%	13%
砂壤土	12% ～ 20%	16%
轻壤土	20% ～ 24%	22%
中壤土	22% ～ 26%	24%
重壤土	24% ～ 28%	26%
黏土（轻、中、重黏土）	28% ～ 32%	30%

土壤含水量减少，土壤毛管悬着水的水分量也会持续变化，当含水量减少到一定程度时，毛管悬着水会出现断裂，此时土壤含水量被称为毛管断裂含水量，在此含水量情况下土壤水分将无法及时满足作物的生长发育需求，且土壤的水分不再受毛管蒸发影响，水分损失趋于停止，所以中耕毫无保墒效果，此时作物会出现暂时萎蔫（及时浇水可恢复），需要立即进行灌溉。

另一类是毛管上升水，此类毛管水与地下水相连接，通常存在于地势较低的田中，因为地下水位较浅，所以地下水能够借助毛管的吸力作用上升，从而可以保持土壤毛管中的水分含量。通常将毛管上升水的最大含量称为毛管持水量。

若地下水位处在土壤深度 1.5 ～ 2.5 米，毛管上升水则能够进入作物根系活动层，从而成为作物生命活动的重要水分来源。如果地下水含盐量较高，地下水位又较浅，则毛管上升水甚至能够直达地表，最终导致土壤盐碱化。

4. 重力水

当土壤中的含水量超过了田间持水量，土壤中的水分会受到重力作用沿着土壤大孔隙不断向下渗透，这部分水就是重力水。因重力水会不断在重力作用下向下渗透，所以其是地下水最重要的来源。当土壤中的全部孔隙都充满水后，此时的土壤含水量被称为土壤饱和含水量，也被称为土壤最大持水量。

（三）土壤墒情测定

墒通常指的是土壤适宜作物生长发育的湿度，土壤墒情则反映的是土壤湿度情况。通过在田间对土壤墒情进行测定，能够对作物种植情况进行有针对性的举措，以避免作物因土壤水分不适宜而生长发育不良。

土壤墒情的详细数据测定可以通过土壤水分传感器进行，在农业生产过程中也可以通过人工观察和查探的方法来进行土壤墒情测定。根据土壤墒情高低土壤的颜色会有所不同，可分为汪水（黑墒以上）、黑墒、黄墒、灰墒（潮干土）和干土面等类型，同时，用手捏的方式感受到的湿润度也有所不同，可以通过这种方式来对土壤墒情进行简单测定。以轻壤土为例，土壤墒情的主要类型及性状如表 4-2 所示。

表 4-2　轻壤土土壤墒情的主要类型及性状[①]

墒情	土壤颜色	手捏湿润感	土壤含水量	相对含水量（占最大持水量比例）	性状	适宜措施（针对播种）
汪水	暗黑色有光泽	手捏有水滴，极为湿润	≥ 24%	≥ 100%	土壤含水过多，空气少造成氧气不足	排水、深耕散墒
黑墒	黑色或黑黄色	手捏成团且落地不散，捏后手留湿印	20% ～ 23%	70% ～ 100%	土壤含水相对较多，为播种上限	浅耕散墒，可散墒后播种
黄墒	黄色	手捏成团落地而散，手感微凉	10% ～ 20%	45% ～ 75%	土壤含水和空气均衡适宜	适宜播种，但需注意保墒

---

① 杨立国. 小麦种植技术［M］. 石家庄：河北科学技术出版社，2016：34-35.

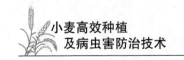

续表

墒情	土壤颜色	手捏湿润感	土壤含水量	相对含水量（占最大持水量比例）	性状	适宜措施（针对播种）
灰墒	灰黄色	土壤半湿润，手捏不成团也无湿印，手感微温	8% ～ 10%	30% ～ 45%	土壤含水不足，属于临界墒情	浇水补墒后可抢种
干土面	浅灰色或灰白色	土壤无湿润感，捏散成土面，可随风飘散	≤ 8%	≤ 30%	土壤水分过低，播种无法出苗	需浇透之后视墒情播种

在田间进行人工验墒时不能仅考察土壤表土，还需要查看干土层的厚度。例如，若干土层厚度达到了 6 厘米以上，之下土壤的墒情依旧较差，则属于旱情状态，需要及时浇水缓解；若干土层厚度在 3 厘米左右，之下土壤墒情为黄墒，则土壤整体墒情为黄墒，属于适宜播种的墒情。

二、小麦的田间节水灌溉

不同品种的小麦整个生育期对水的需求量也会有所不同，春小麦生育期短，每亩需水量约 250 ～ 300 立方米，冬小麦生育期较长，每亩需水量约 300 ～ 400 立方米。

中国幅员辽阔，不同地区气候情况有所不同，因此自然降水量也会不同，受到季风影响，整个中国地域自然降水量呈现出从东南向西北递减的形势，降水量分布并不均匀。东南地域降水量较大，小麦生育期的需水量自然降水就能够满足，甚至可能出现降水过多的涝情；西北内陆干旱地区自然降水很少，小麦生育期的需水量主要靠灌溉满足；华北半干旱地区自然降水能够满足小麦生育期需水量的 1/3，剩余部分也需要通过灌溉满足。

小麦的田间节水灌溉技术就是通过科学利用自然降水和充分挖掘土壤水分，尽可能节约灌水从而实现节水但增产的目标。

（一）小麦的水分需求分析

小麦的整个生育过程中，除自身生长发育吸收和转化的水分之外，其他水分主要被棵间蒸发和叶面蒸腾消耗。

1. 棵间蒸发

棵间蒸发指的是土壤蒸发，在小麦生育前期发生，不论是冬小麦还是春小麦，在此阶段植株都较小，且叶片很小，通常采用条播的小麦在生育前期的地面覆盖率很少，这就造成棵间蒸发量极大，整个生育前期土壤蒸发量能够占小麦总耗水量的30%～40%。

棵间蒸发并非作物植株直接吸收利用的水分消耗，因此可以采取对应的管理措施来降低棵间蒸发的耗水量。比较常用的措施包括秸秆覆盖、留茬等，地膜覆盖虽然能够极大减少棵间蒸发，但相对而言产生的连带效果并不明显，因此可以主要采用秸秆覆盖和留茬。秸秆覆盖可采用玉米秸秆覆盖，可以有效在小麦生育前期降低棵间蒸发，促进土壤保墒，但进入小麦生育中期后，秸秆覆盖会造成土壤墒情降低，所以需在生育中期去除覆盖。[①]

留茬是最方便的有效降低棵间蒸发的方式，可以留存小麦上茬作物的残茬来促进播种后的保墒，但通常适用于少量麦田，机播地块并不太适用。

2. 叶面蒸腾

叶面蒸腾主要发生于小麦的生育后期，此阶段小麦植株已经发育完全，叶片较大，同时此阶段也是小麦生长发育过程中耗水量较大的阶段，叶面蒸腾占据小麦总耗水量的60%～70%，在抽穗期到开花期叶面蒸腾量最大，日平均耗水强度能够达到亩耗水2～3立方米。

同时，气象条件也会影响小麦的耗水量。例如，在风速增加、气温升高、湿度降低等天气条件下，棵间蒸发与小麦的叶面蒸腾都会有所增强，从而耗水量也会增加，反之，在无风天气、低温天气、阴雨天气，棵间蒸发和叶面蒸腾的耗水量会减少。

3. 小麦生育期中的关键灌水期

小麦整个生长发育过程中，有3个生育阶段对土壤水分较为敏感，对土壤水分要求也较高。一个是小麦生育前期的出苗期，要求土壤含水量达到最大持

---

① 程宏波，牛建彪，柴守玺，等.不同覆盖材料和方式对旱地春小麦产量及土壤水温环境的影响［J］.草业学报，2016，25（2）：47-57.

水量的 70% ～ 80%；另一个是小麦生育中期的孕穗期，此时小麦营养生长和生殖生长同时进行，对土壤水分较为敏感，要求土壤含水量达到最大持水量的70% ～ 90%；还有一个是小麦生育后期的开花期，要求土壤含水量不低于最大持水量的 65% ～ 70%，这个要求甚至会持续到灌浆期。综合而言，小麦整个生育期中比较关键的灌水期有 6 个。

（1）底墒水

底墒水就是在小麦播种之前所浇的水，其作用是满足小麦播种后种子的萌发及其苗期生长发育对水分的需求。浇足底墒水的土壤，表层水分会逐步向下移动，麦苗的根系会随着水分的下移而下移，从而形成较深的根系，能够增强小麦的生命活力和后期的耐寒性。

通常底墒水的浇灌有 3 类：一类是针对灌水资源不够丰富且茬口较晚的地区，可以在前茬作物收获前送老水，也可以在收获之后就浇灌茬水；一类是针对茬口太晚的地区，为了争取适时播种，可以在播种之后 3 ～ 5 天浇灌蒙头水；还有一类是针对茬口较早或腾茬适宜，灌水资源又较为丰富的地区，可以先整地，之后在耕后的田中打畦或冲沟，沿畦或沟浇灌踏墒水。可以根据当地茬口情况和水资源情况选择适宜的底墒水浇灌方式。

（2）冬灌水（封冻水）

浇冬灌水是冬小麦安全越冬非常重要的一项灌溉措施，因冬小麦的种植麦区通常冬季气温较低，冬灌水能够有效提高地温并缓和地温的剧烈降低，从而防止麦苗被冻伤，同时冬灌水会形成冻融交替作用，使土壤表层疏松细碎，而内部土壤紧实无架空，可以有效降低根系受冻。

通常冬灌水适宜在日平均气温 3℃左右浇灌，可以起到日融夜冻的效果。若高于 3℃棵间蒸发会较为严重，无法起到保墒作用，还易引起幼苗徒长；若低于 3℃麦苗则易受到冻害，根系还容易因无法化冻而窒息死亡。需注意旺苗、弱苗及土壤墒情较高时均不宜浇灌冬灌水。

（3）返青水

返青水就是在冬小麦进入返青期时浇灌的水，其拥有巩固冬前分蘖、促进春蘖成穗、增加穗粒数的作用。返青水的浇灌需要控制在土壤 5 厘米处的地温稳定在 5℃以上时进行，若返青水浇灌过早容易造成地温下降而推迟返青。

当冬前进行了冬灌，或虽未冬灌但冬季降水较多时，可以不浇返青水；若冬前进行了冬灌但依旧缺水，或未进行冬灌，需要及时浇灌返青水，促进麦苗进入返青期。

（4）拔节水

小麦的起身期到拔节期是分蘖两极分化的重要时期，该过程中小麦植株需水量较大，因此可以追施拔节水，能够加速分蘖两极分化从而提高成穗率。晚播的弱苗分蘖较少，需要提前在起身期浇灌拔节水，以促进春分蘖的生长壮大，提高成穗率；对于旺苗，则需要通过拔节水来控制麦苗对氮素的吸收，加速小蘖死亡，促进大蘖成穗，增加穗粒数。

（5）孕穗水

孕穗前后，是小麦植株的水分临界期，及时浇灌孕穗水能够满足植株对水分的敏感需求，同时能减少小花的退化，从而增加穗粒数。若在孕穗前后没有较大的降雨，都需要浇灌孕穗水。

（6）扬花、灌浆水

从抽穗期到灌浆初期，是小麦植株开花、授粉和受精的关键时期，同样也是小麦第二个水分临界期，因此需要浇灌扬花水或灌浆水，这能够促进小麦开花授粉和受精，促进籽粒的形成，同时增加穗粒数和提高粒重。通常可以根据苗情在开花后 5～20 天进行，若进入开花期之前土壤含水量较差可以稍微提前浇灌。另外，浇灌时需要避开大风天气，以免对扬花造成影响。

前面所提到的 6 个关键灌水期，主要针对的是冬小麦，对比而言春小麦的灌水则相对简单一些，主要有 3 个关键灌水期。

第一个是春季的灌溉，通常需要在起身期到拔节期进行一次灌水。若春小麦土壤墒情较为适宜，第一次浇水可以推迟到拔节初期，这样能够有效控制无效分蘖的滋生和第一节间及第二节间的伸长，可浇灌时追施化肥；若土壤肥力较高且苗情旺，则可以延迟到拔节末期；若土壤肥力较差，苗情偏弱，则需要将第一次灌溉提前到起身期。

第二个是春小麦生育中后期的灌溉，小麦孕穗期是水分临界期，所以从孕穗期到抽穗期需要注意土壤墒情，此次灌溉不能晚于灌浆期，这样才能防止小花退化同时增加穗粒数。

第三个是春小麦生育后期的灌溉，从小麦扬花期到灌浆期再到成熟期，需要针对小麦生长情况控制灌水次数，但在扬花期需要注意给予充足的水分，以提高穗粒数，并为后期灌浆打下基础，有效提高粒重。

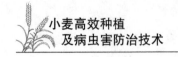

（二）小麦节水灌溉措施

1. 常规灌溉方法

小麦灌溉方法中比较常规的主要是畦灌和沟灌，均属于地面灌溉。

畦灌得名是因为小麦种植过程中，在平整土地基础上用修筑好的土埂将麦田分成了若干个平整的小畦，通过对小畦灌水来达到灌溉目的。畦灌通常用于土地平坦且水源条件较好的地域，通常对畦田的规格要根据土壤质地和地面坡度进行调整。

例如，若土壤质地松，软透水性强，地面坡度较小或地面不够平整，则需要适当缩短畦长，反之则可以延长。灌水时需从高处引水入畦，通常畦面坡度以 0.1% ～ 0.3% 为宜。畦灌时最需要注意的是控制水流量以避免造成地表冲刷。通常对于地面坡度 0.3% 的壤土地，在畦长 40 ～ 50 米的情况下，水流量控制在每秒 3 ～ 4 升即可，砂土地可适当增大流量，这样既可做到不冲刷地表又能保证畦面首尾受水均匀。

沟灌是中国各麦区常用的灌溉方法，其最大的优势是遇旱可灌水，遇涝可排水。沟灌主要利用的是作物行间的垄沟，在地块四周开挖输水沟，保持输水沟和垄沟垂直，同时输水沟略深于垄沟以便排水，通常垄沟深度为输水沟深度的 2/3 或 3/4。沟灌能够有效减少地表水的蒸发，可起到一定节水作用，同时还能减轻土壤表面板结，可以应用于水源不足或套作麦田。

2. 节水灌溉方法

小麦节水灌溉方法主要有 4 种，分别是喷灌、滴灌、地下管道灌溉和防渗渠灌溉。

喷灌时需要在麦田安装对应的整套喷灌装置和机器，可视当地经济情况选择固定喷灌、半固定喷灌或移动喷灌。喷灌能够有效节约水资源，因其采用的是空中喷洒的灌溉方式，所以不会产生地面径流和土壤深层渗漏，灌水也较为均匀，所以通常比常规灌溉节约水量 30% ～ 50%。另外，喷灌水流较小所以不会对土壤造成结构性破坏，又不需要麦田间挖沟、修埂、打畦等，所以能够节省人力物力，更加方便对麦田的利用，同时对麦田利用率也更高。

不过喷灌也有一定缺陷，首先是易受到风力影响，当风力过大时容易造成灌溉不均匀；其次是通常只能湿润土壤表层，土壤深层含水量易出现不足从而影响小麦根系深扎；再次是当空气湿润度较低时，喷灌很容易造成水资源浪费，水滴在空中蒸发损失较大；最后是对高产麦田进行后期灌溉时，容易造成植株倒伏。

滴灌的整套设施会被埋设于土壤之下，滴水装置会被放置于作物根系附近土壤，所以滴灌能够保持作物根系长期处于适宜的土壤湿度之中，有利于作物生长发育。其最大的优势是更加节水节能，不仅不会破坏土壤结构，也不会造成土壤表层板结，可保持土壤良好的透气性。不过滴灌需要对麦田进行大幅度改造，前期投入较大。

地下管道灌溉类似于放大型的滴灌，同时不需对麦田进行改造。其整套设施由主水池、输水干道、分水建筑物、输水支道、出水建筑物、沉沙池、排气孔和输水毛渠组成。输水毛渠与麦田相连。因为灌溉水在地下管道中流动，所以减少了渗漏和水分蒸发，比常规灌溉节水 20% ～ 40%。因不需对麦田进行大范围改造，所以对土地利用率影响较小。其最大的优势就是输水速度快且省时省力，通常用地下管道输水 1000 米仅需 3 ～ 5 分钟。

防渗渠灌溉就是将引水渠和田间灌水渠都建成水泥防渗渠，包括机井、塘坝、蓄水池等蓄水设施，以及各级渠道，通过水泥渠道的防渗作用来较好地解决水分渗漏问题。除水源设施之外，其他各级渠道需要按照 0.25% ～ 0.35% 的下降坡度建成 U 形防渗渠，渠道宽和深均为 0.4 ～ 0.7 米，水泥层厚度 10 ～ 30 厘米，按照供水需求确定大小和长短。防渗渠最大的优势是能够将有限的水源最大化利用。

第二节　小麦田间科学施肥技术

小麦是一种需肥量较大的作物，其生长发育所必需的养分有碳、氢、氧、氮、磷、钾、硫、钙、镁，以及微量元素铁、硼、锌、铜、钼、锰等，其整个生育期中积累的养分，碳、氢、氧占据 95% 左右，氮及钾占 1% 以上，磷、硫、钙、镁分别为 0.1%。其中，碳、氢、氧主要来自水和空气，而其他养分则主要来源于土壤。

在整个中国种植区，因氮、磷、钾是作物必需且需求量较大的养分，所以这 3 种养分时常亏缺，作物对其他养分的需求量较小，通常不会亏缺。不过随着作物产量提高，其中有部分土壤缺锌，还有些土壤缺硼和锰。

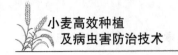

一、小麦需肥情况分析

（一）小麦生育期需肥量

以小麦整个生育期来看，小麦对氮磷钾的吸收量较大，平均每生产 100 千克小麦籽粒，需要从土壤中吸收氮素 3.0±1.0 千克、磷素 1.1±0.3 千克、钾素 3.2±0.6 千克，氮磷钾的需求比例约为 2.8：1.0：3.0（平均值）。

随着小麦产量的不断提高，小麦对氮素的相对吸收量趋于减少，对磷素的相对吸收量趋于稳定，对钾素的相对吸收量则趋于增加，也就是说随着产量的提高，小麦对氮磷钾 3 种养分的吸收也有所不同。例如，研究数据表明，每亩小麦产量在 300 千克左右时，对氮磷钾的吸收比例约为 3.0：1.0：3.0（平均值），每亩小麦产量达到 500 千克左右时，对氮磷钾的吸收比例则约为 2.4：1.0：3.4（平均值）。

也就是说，在分析小麦需肥情况时，首先需要确定当地平均亩产量，以平均亩产量情况来确定小麦对氮磷钾的吸收比例，这样才能在后期施肥时更加有效，达到稳产高产。小麦不同产量对氮磷钾的吸收量和比例如表 4-3 所示。

表 4-3　小麦不同产量对氮磷钾的吸收量和比例情况 [①]

数据来源	小麦亩产量/千克	亩吸收量/千克			百千克吸收量/千克			吸收量比例
		N	P_2O_5	K_2O	N	P_2O_5	K_2O	N：P：K
山东农业大学	131	7.8	2.4	3.7	5.97	1.81	2.79	3.3：1.0：1.5
河南省农科院	218	8.0	2.7	6.0	3.69	1.23	2.76	3.0：1.0：2.2
山东省农科院	305	8.4	2.7	8.9	2.75	0.88	2.92	3.1：1.0：3.3
河南农业大学	368	9.5	3.4	14.2	2.58	0.91	3.87	2.8：1.0：4.3
烟台农科院	428	10.6	4.9	11.1	2.48	1.15	2.59	2.2：1.0：2.3
山东农业大学	510	12.2	5.0	14.1	2.39	0.98	2.77	2.4：1.0：2.8
河南农业大学	551	15.3	6.6	23.6	2.77	1.20	4.27	2.3：1.0：3.6

① 杨立国.小麦种植技术［M］.石家庄：河北科学技术出版社，2016：19-20.

数据来源	小麦亩产量 / 千克	亩吸收量 / 千克			百千克吸收量 / 千克			吸收量比例
		N	P_2O_5	K_2O	N	P_2O_5	K_2O	N：P：K
山东农业大学	610	16.4	5.7	20.2	2.69	0.93	3.31	2.9：1.0：3.6
山东农业大学	654	19.1	6.5	22.0	2.92	0.99	3.37	2.9：1.0：3.4

（二）小麦需肥特性

小麦整个生育期的不同阶段对养分的需求也有所不同，通常情况下随着幼苗生长，从三叶期开始小麦植株内干物质不断积累和增加，吸肥量和需肥量也不断增加，到孕穗期或开花期达到高峰，之后逐渐下降。

整个小麦生育期中，对氮素的需求量特性是苗期反应最敏感，从拔节期到孕穗期是需求高峰，从开花期到成熟期是另一个需求高峰；对磷素的需求比较平稳，呈现出随植株增长而逐渐增加的特性；对钾素的需求量特性是在拔节期较高，之后迅速降低，在孕穗期和开花期需求量变多，之后较少。

从吸收氮磷钾的特性来看，小麦对氮素的吸收为均衡型，对磷素的吸收为后重型，对钾素的吸收为中重型。整个生育期中苗期是对养分最敏感的阶段，尤其是三叶期，充足的氮素能够促使幼苗提早分蘖，并促进叶片和根系的生长，而磷素和钾素则能够促进幼苗根系的发育，提高小麦的抗旱及抗寒能力。不过三叶期小麦还是幼苗，所以虽然对各养分较为敏感，但对各养分的吸收量还较小。

随着小麦的生长壮大，以冬小麦为例，进入起身期之后，小麦植株会迅速生长，所以对养分的吸收量也急剧增加，从拔节期到孕穗期，是小麦对氮磷钾各养分吸收的第一个高峰；进入孕穗期后，小麦植株对氮素的吸收强度会逐步减弱，不过氮素依旧会不断积累，到成熟期才会达到最高累积量；进入抽穗期后，植株对钾素吸收的累积量会达到最大，之后各生育时期对钾素的吸收会出现负值；进入开花期后，植株对磷素的吸收达到第二个高峰。

小麦整个生育期中，对养分的吸收和积累，主要是随着生长中心的变化而变化。例如，苗期小麦植株吸收和积累的养分主要用于分蘖和叶片等营养器官的形成与生长；拔节期到开花期，小麦植株吸收和积累的养分主要用于茎秆的生长发育，以及幼穗的形成和分化；开花期之后植株吸收和积累的养分主要用于籽粒的形成和生长发育。各生育期小麦（平均亩产 460 千克）地上器官氮磷钾的含量比例如表 4-4 所示。

表 4-4　各生育期小麦地上器官氮磷钾含量比例

生育时期	氮素（N）			磷素（P$_2$O$_5$）			钾素（K$_2$O）		
	叶	茎	穗	叶	茎	穗	叶	茎	穗
生育前期（出苗期到起身期）	100.0%	无茎	无穗	100.0%	无茎	无穗	100.0%	无茎	无穗
拔节期	93.8%	6.2%	无穗	89.2%	10.8%	无穗	88.7%	11.3%	无穗
孕穗期	78.6%	13.2%	8.2%	62.6%	24.3%	13.1%	63.9%	31.9%	4.2%
抽穗期	68.8%	17.1%	14.1%	50.5%	27.3%	22.2%	51.1%	40.8%	8.1%
开花期	61.5%	22.3%	16.2%	49.5%	28.0%	22.5%	50.1%	40.1%	9.8%
花后 20 天	36.2%	13.4%	50.4%	23.3%	12.8%	63.9%	36.2%	43.6%	20.2%
花后 30 天	21.5%	10.0%	68.5%	15.4%	8.3%	76.3%	33.0%	42.0%	25.0%
成熟期	16.1%	6.5%	77.4%	12.6%	7.1%	80.3%	29.2%	43.1%	27.7%

二、小麦科学施肥原则

上述所提供的数据均是小麦在生育期中对各养分的需求和分配，在确定田间施肥情况时，还需要注意小麦的品种类型、当地栽培模式、当地气候环境和当地土壤条件等各个方面的特性，有针对性地进行田间科学施肥。

需要先根据小麦的目标产量来确定其整个生育期所需养分量，在不同地区、不同栽培模式、不同小麦品种等条件下，小麦的目标产量会有所不同。之后则需要测定当地土壤的基本肥力，即土壤自身可以为小麦供应的养分量，通过目标产量所需养分量和土壤自身供应能力来确定最终的施肥量。具体可以遵循以下几个施肥原则来确定施肥规划。

（一）因地制宜：依土施肥

小麦科学施肥首要原则就是要因地制宜，依照不同的土壤情况来进行施肥。

1. 做好土壤养分调查

需要做好当地土壤养分调查，即需要调查清楚当地土壤所含养分数量、比例等，摸清土壤中限制小麦产量提高的最主要的养分是哪类，根据缺乏情况进行有针对性的补充。

作物的生长发育和产量水平，受到的是最小养分限制，即土壤中最缺乏的养分对产量影响最大，这就是最小养分律［1843年由德国化学家尤斯图斯·冯·李比希（Justus von Liebig）男爵发现，即若不补充土壤中的最小养分，即使加大其他养分投入量，也无法提高作物产量］。

不同的土壤情况会有不同的最小养分，所以需要根据土壤最缺失的作物所需养分情况，进行合理的施肥，因缺补缺才能够满足作物需求和提高作物产量。通常情况下，对于不同土壤肥力的麦田，小麦生育期吸收养分呈现出土壤自身肥力越高，小麦吸收土壤自身肥力比例越高，土壤自身肥力对产量影响越大的特性（表4-5）。

表4-5 土壤自身肥力及其占据的吸收比例（氮素与磷素）

土壤自身肥力 /（千克 / 亩）		不施肥产量 /（千克 / 亩）	施肥量 /（千克 / 亩）		施肥后产量 /（千克 / 亩）	土壤自身肥力占总吸收量的比例
N	P₂O₅		N	PO		
3.5～5.5	1.3～2.0	126～190	8.0	4.0～8.0	300～385	≤ 50%
6.0～7.0	2.0～2.5	200～233	8.0	4.0	350～450	55% 左右
7.5～10.0	2.5～4.5	260～333	8.0	少量	>400	70% 左右
11.0～14.0	3.8～4.5	>373	<4.0	0.0	500	85% 左右

2. 因地制宜制定施肥规划

施肥规划还需要根据土壤质地、当地气候条件和栽培模式来制定。

例如，砂土类土地的保水肥能力较差，所以施肥过程中需要遵循少量多次的原则，避免土壤自身水肥流失量大造成作物脱肥早衰；黏土类土地保水肥能力较强，因此可以一次施肥较多，但需要适当提前施肥，以避免小麦贪青晚熟；若小麦前茬作物生育期长且消耗养分多，同时土壤休闲时间较短，就需要增加施肥量来补充土壤肥力；在光照不足、温度较低的气候环境下，小麦的生长发育会较为缓慢，虽然可以通过供应充足氮肥来延长生长时间，但却对小麦的生殖生长不利，所以需要控制氮肥而相应增加磷肥和钾肥的供应量；在灌溉水资源充足的地区，灌溉结合施用化肥的方式增产效果明显，就需要对应提高化肥施用量，而干旱地区无灌溉优势，化肥效用较低，就需要适当减少化肥施用量。

（二）有机无机配合施用

有机肥指的是有机质较多的腐熟农家肥，包括厩肥、沤肥、堆肥、沼气肥、绿肥、饼肥、作物秸秆、泥肥等，其具备成本低、养分全、肥源广且肥效长等特点。

有机肥不仅含有作物生长所必需的氮磷钾，还含有其他各种养分，以及微量元素等。

秸秆堆肥能够明显增加土壤二氧化碳的释放量，可以有效提高麦田冠层内的二氧化碳浓度，对小麦生育后期的群体光合作用贡献巨大。另外，充分腐熟的有机肥拥有丰富的腐殖质，其富含的各种有机物质能够改良土壤结构，在提高土壤肥力的同时能够增强土壤保水肥能力，还可以增加土壤中微生物的数量，优化微生物的生态结构，从而可以为小麦的根系生长发育创造更优质的条件，提高小麦抵抗不良环境和不良条件的生长能力。

无机肥也就是化肥，其最大的特点就是养分纯粹且含量高，肥效非常快速。但缺点是养分过于纯粹，无法综合满足小麦对各类养分的需求。而且，小麦对有机肥和无机肥的利用率也有些区别（表4-6、表4-7）。

针对有机肥和无机肥的特性，以及小麦整个生育期对养分的需求特性，需要对麦田进行有机肥和无机肥相结合的施肥方式，缓急相济，通过彼此的特性相互补充。例如，小麦在整个生育期需要土壤能够源源不断供给养分，所以需要长效性的有机肥来满足需求，但小麦的需肥量会出现高峰期，仅靠较为均衡的有机肥无法满足其生长发育所需，所以需要结合对应需求的无机肥来满足需求。

表 4-6　有机肥养分含量及小麦对有机肥的利用率

有机肥料	养分含量			利用率
	氮素（N）	磷素（P_2O_5）	钾素（K_2O）	
草木樨	0.52%	0.04%	0.19%	40%
麦秸堆肥	0.18%	0.29%	0.52%	20%～30%
玉米秸秆堆肥	0.12%	0.19%	0.84%	20%～30%
猪圈粪肥	0.45%	0.19%	0.60%	20%～30%
牛圈粪肥	0.34%	0.16%	0.40%	20%～30%

表 4-7　小麦对化肥的利用率（当季）

化肥品种		化肥当季利用率	平均利用率
氮素化肥	碳酸氢铵	20%～30%	30%～50%
	尿素	45%～60%	
	硫酸铵	45%～55%	
磷素化肥	过磷酸钙	15%～20%	25%～30%
	磷酸二铵	45%～60%	
钾素化肥	氯化钾	40%～50%	40%～50%
	硫酸钾	40%～50%	

（三）以基肥为主，以追肥为辅，以种肥促苗

小麦要实现丰产高产，需要从 3 个角度施肥，分别是基肥、追肥和种肥。

基肥是基础，基肥也被称为底肥，是作物播种和种植之前，供给作物整个生长期所需养分的基础肥料。追肥则是辅助，就是在作物生长发育期间，为了调节作物营养环境所使用的肥料，追肥通常量小而灵活，可根据作物不同生育时期所表现出来的缺素情况对症追肥。种肥则是在作物播种之时为种子提供生长初期所需养分的肥料，可以将肥料和种子进行混合或施用于种子附近。

从小麦整个生育期来看，小麦从出苗期到拔节期，植株对磷素和钾素的吸收量能够占据总吸收量的 1/3 左右，因此基肥必须要足，而小麦不同生育时

期对氮磷钾的吸收量会有所不同，出现养分吸收高峰期时，可以有针对性地进行追肥，以满足植株对养分的需求。通常麦田的基肥占据整个生育期施肥量的60%～80%，追肥则占据20%～40%，中高产麦田基肥和追肥施用量比例约为7∶3或6∶4。

一般而言，基肥需要粗细结合，以粗肥为主，令氮磷钾较为平衡；追肥则应以小麦生育期的需求和土壤缺素为依托，针对性要强；另外，在小麦播种时要加入少量化肥，以种肥的方式促进麦苗分蘖、生根，培育壮苗。

（四）基肥分层施用，追肥深层施用

为了保证基肥能够在小麦整个生育期均可提供其生长发育所需养分，通常需要分层施用，即上层施用粗肥（腐熟有机肥），下层施用细肥（畜禽粪便烘干粉碎后包装出售的有机肥），这样能够在养分供给的基础上有效改善土壤结构。

追肥通常施用化肥，其具有较强的水溶性、挥发性、分解性，施用过浅容易造成大量肥力流失，因此以深层施用为主，通常需要深入土壤5～10厘米。

另外，追肥时还可以采用根外追肥的方式，混合施用防治病虫害的农药，尤其小麦生育后期通常是病虫害发生较为严重的时期，可以根据防治病虫害的药剂需求和养分需求来追施化肥。需要注意的是，酸性农药不能与碱性肥料混用，碱性农药不能与水溶性磷肥和铵态氮肥混用，乐果药液不能和草木灰混用，含砷农药不能和钠盐或钾盐类肥料混用。

三、小麦田间科学施肥措施

（一）基本施肥措施

麦田基本施肥措施可以按照基肥、追肥进行分类。

1. 基肥施用

一般基肥施用量可根据土壤质地、土壤肥力、当地产量、茬口和肥料种类等来确定。通常每亩麦田的基肥需要施有机肥3000～5000千克、硫酸铵（氮肥）20～30千克、过磷酸钙（磷肥）30～50千克，具体施用量需根据实际情况细化确定（表4-8）。

表 4-8 不同麦田基肥每亩施用量

麦田情况	有机肥（粗肥）	饼肥（细肥）	氮肥	磷肥	钾肥和锌肥
高产麦田	4000 ～ 5000 千克	50 千克	硫酸铵 30 千克（或尿素 35 千克）	过磷酸钙 50 千克	10 ～ 15 千克（锌肥 1.5 ～ 2 千克）
中产麦田	3000 ～ 4000 千克	50 千克	硫酸铵 20 ～ 25 千克（或尿素 25 ～ 30 千克）	过磷酸钙 40 千克	缺锌施锌肥 1.0 ～ 1.5 千克
低产麦田	3000 千克	—	硫酸铵 20 千克（或尿素 25 千克）	过磷酸钙 35 ～ 40 千克	缺锌施锌肥 1.0 ～ 1.5 千克
晚茬麦田	4000 千克	—	硫酸铵 20 千克（或尿素 25 千克）	过磷酸钙 40 千克	缺锌施锌肥 1.0 ～ 1.5 千克

如今秸秆还田是一种变相施用基肥的措施，通常是直接将上茬作物的秸秆粉碎还田，或将秸秆收集到田外进行粉碎再还田。每 1000 ～ 1500 千克玉米秸秆含纯氮约 3.65 千克，含 P_2O_5 约 1.85 千克。以玉米秸秆为例，实行秸秆还田需要带青将玉米秸秆切碎，最终玉米秸秆长度以 5 厘米左右为适宜，切碎的玉米秸秆需成堆打垄，最好能够进行 10 厘米翻耕，避免土壤表层 10 厘米以内有秸秆，这样可有效提高播种质量；秸秆还田还需要浇足底墒水并适时播种小麦，同时需要配合施用氮肥，因秸秆还田后微生物分解秸秆时需要大量氮素，因此每 1000 千克秸秆需加入 8 千克氮素方能避免麦田缺氮，可在秸秆还田前 1 ～ 2 年配合施用氮肥。

2. 追肥施用

在小麦整个生育期中，可以根据具体的苗情来进行追肥。以冬小麦为例，追肥主要有冬前追肥和春季追肥两类，追肥比例可根据具体苗情具体制定。

例如，高产麦田冬前追肥可偏少，若苗情较好甚至在冬前可不追肥；为了培育壮苗，中低产麦田冬前追肥量可适当提高，冬前和春季追肥比例以 7 : 3 为适宜；若冬前麦苗较弱，可以适当增加冬前追肥量，以促进冬前麦苗发育和分蘖，为后期壮苗打下基础。

冬前追肥主要是分蘖肥和越冬肥。分蘖肥属于苗期肥，在播种 1 个月左右麦苗开始分蘖时，若基肥中施用氮肥较少则可每亩追施标准肥 10 ～ 15 千克；

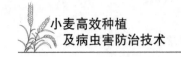
越冬肥是在越冬期间追施的肥料，若土壤肥力较高、基肥施用充足，可不追施越冬肥，通常每亩可以将 2～3 千克标准肥掺入畜禽粪便中撒施。

春季追肥主要是返青肥、起身拔节肥、孕穗肥和灌浆肥。返青肥是为了促进麦苗春季分蘖和巩固冬前分蘖，壮苗和旺苗可不追施，弱苗可每亩追施 10～15 千克标准肥；起身拔节肥是为了提高分蘖成穗率并巩固穗数，壮苗可在起身期施用，旺苗可在拔节之后施用，每亩追施 10～15 千克标准肥；孕穗肥也被称为挑旗肥，主要目的是促进旗叶发育，若旗叶露尖前后颜色转淡，叶片较窄，植株有早衰迹象，可每亩追施 5 千克标准肥；灌浆肥是灌浆初期所追施的根外肥，目的是提高粒重，提高小麦产量。

（二）科学施肥技术

科学施肥技术是适时适量施肥的技术。一方面能够避免出现肥料利用率低、化肥使用不合理且不科学的情况；另一方面通过科学合理的施肥手段能够提高肥料利用率。其原则主要有 3 个方面：一是平衡性，即结合科学的土壤养分检测来确定施肥种类和数量，配合施肥保证各养分的平衡；二是化肥施用技术改进，目标是提高化肥的利用率，减少肥料损失；三是发挥肥效，即采用科学的综合措施来提高肥料的整体利用率，需要根据当地土壤和气候特性等，选择适宜播种密度，安排适宜播种期，注意清除杂草，并配合灌溉来提高肥料利用率。

1. 化肥深施技术

化肥本身所具备的挥发性、水溶性、分解性，容易造成施用不合理，产生肥力流失，而采用化肥深施技术能够有效降低成本并提高化肥利用率。

（1）氮肥深施

碳酸氢铵是麦田中比较常用的氮肥之一，其成本较低且施用后易于分解，适用于各种土壤和作物，所以较为经济实惠。但其易于以氨气的形式挥发造成损失，因此也被称为气肥，温度越高分解越快，所以碳酸氢铵适宜深施。

作为基肥时，可在犁地之前将其撒入麦田，通过整地流程翻入土壤深层；作为追肥时，可通过挖穴、开沟等形式进行深施（10 厘米左右），之后及时覆土浇水。

尿素是一种含氮量高达 46% 的氮肥，易溶于水且易分解，施用后会有一个转化过程，若在土壤表面施用，其转化过程中极易损失大量氮素，因此也需要进行 10 厘米左右深施，可参照碳酸氢铵施用方式。若表面施用，需立即浇小水使其溶于水后渗透到土壤内。

（2）磷肥深施

磷肥主要包括过磷酸钙、钙镁磷肥、重过磷酸钙等，其具有易被固定和移动性较小的特性，若与土壤接触面积较大则被固定量较大，若施用较浅也容易因移动性小而减少作物吸收。所以，为了提高磷肥效果，可以进行条施、穴施、分层施等，令磷肥集中靠近小麦植株的根系处，便于根系吸收利用。

（3）复合肥深施

含有两种或两种以上养分的化肥被称为复合肥，也包括各种专用肥，如硝酸铵、磷酸二铵、羟基磷酸钙等。其各种养分的比例通常较为固定，浓度也比较高，稳定性较好，所以分解较慢，适宜做基肥。但也因为其浓度较高，所以需要避免和种子直接接触，在施肥过程中适宜深施，不论是条施还是穴施，均需要与种子保持 5～10 厘米的距离。

复合肥通常吸湿性小，不易结块，所以非常便于机械化施肥，可以在整地施用有机肥时进行深施，方便快捷且肥效长久。

2. 根外追肥技术

根外追肥也被称为叶面施肥，通常是将水溶性肥料等低浓度溶液喷洒在作物叶面上实现肥料追施。小麦根外追肥主要针对小麦生育后期，此阶段小麦的根系吸收效果已大幅降低，土壤追肥已经无法实现肥料的吸收，因此直接将肥料施用在小麦的地上部分。

根外追肥通常选择在晴天无风的下午或傍晚进行，可以和病虫害防治药剂结合使用，省工省力，在进行根外追肥时需要先确定土壤的营养状况和小麦的生长态势，根据小麦所需养分确定肥料数量和种类。

例如，抽穗期到乳熟期发现小麦的叶片脱肥早衰，需追施氮素，可每亩施用 1%～2% 尿素或 2%～4% 硫酸铵溶液 50～60 千克；对于高产麦田或有贪青晚熟征兆的麦田，不再追施氮素，而是每亩追施 0.2%～0.4% 磷酸二氢钾或 5% 草木灰水 50～60 千克，以平衡肥力来实现增产；对于土壤氮肥过多引起磷素缺失的麦田，可以每亩追施 2%～4% 过磷酸钙 50～60 千克，可有效增产；若土壤肥力较为贫瘠，属于中低产麦田，则可以氮磷肥混合喷施。

3. 种肥施用技术

小麦在播种时通常会施入种肥来培养壮苗，同时促根壮蘖，尤其是对土壤

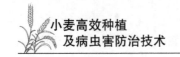

较为贫瘠的麦田和在基肥施用不足或晚播的情况下，施用种肥通常能够起到增产壮苗的作用。

种肥距离种子或幼苗极近，所以对种子和幼苗的影响非常明显，通常选用种肥时要寻找对种子或幼苗副作用较小的速效肥。其中，较为适宜作为种肥的有过磷酸钙、硫酸铵、磷酸铵、钙镁磷肥等。过磷酸钙易于溶解且在土壤中移动性较小；硫酸铵吸湿性小且易于溶解，对幼苗和种子无不良影响；磷酸铵则是氮磷元素含量较高，作为种肥效果较好；钙镁磷肥物理性较好且无腐蚀性。这些对种子和幼苗无害的肥料在施用量适宜的基础上均可以作为种肥。

对种子和幼苗有害，且含有害离子的肥料，均不适合作为种肥，包括尿素（含缩二脲，对种子和幼苗有毒害）、碳酸氢铵（对种子有强腐蚀性）、硝酸铵和硝酸钾（硝酸离子对种子发芽有影响）、氯化铵和氯化钾（氯离子易产生水溶性氯化物，影响种子发芽和幼苗生长）等。

种肥通常在拌种时加入。例如，每亩用3～4千克硫酸铵与种子干拌后播种，或每亩用5～10千克颗粒状磷酸铵与种子干拌后播种。机播条件下可以在播种机上加装种肥箱，然后通过同时下种和下肥的方式进行集中种肥施用。

第三节　小麦无公害施肥技术

小麦无公害施肥的目标是进行无公害小麦产品生产，在小麦整个生长发育过程中，需要禁用以城市、医院、工业区的有害污泥等为有机原料所制作的有机肥，禁止施用含有激素类的叶面肥料，禁用废酸生产制成的过磷酸钙和其他磷肥，提倡以无添加剂、经过无害处理的各种有机肥、腐殖肥、微生物肥、半有机肥、无机肥等为主，以长效化肥为辅的施肥方式。

一、小麦无公害施肥种类

小麦无公害施肥所用肥料主要以有机肥、微生物肥、腐殖肥、半有机肥为主，以长效的无机肥为辅。

（一）有机肥

前面已经提到，有机肥种类较多。其中，堆肥是以麦秸、玉米秸秆、落叶、青草、人畜粪便等为原料并将其按一定比例混合，经好氧发酵腐熟后的肥料；沤肥和堆肥原料基本相同，但其主要是通过淹水发酵制成的肥料；厩肥是由猪、牛、马、羊、鸡等畜禽粪尿与秸秆堆沤制成的肥料；沼气肥是沼气池中有机物腐解产生沼气之后的副产物；绿肥是以栽培或野生绿色植物为主的肥料，包括草木樨、绿豆、蚕豆、苜蓿等；秸秆肥是各种作物的秸秆所代表的肥料，也就是秸秆还田；饼肥是各种油料种子榨油之后剩下的残渣，包括菜籽饼、棉籽饼、豆饼、蓖麻饼、芝麻饼等；泥肥是未被污染的河流湖泊产生的河泥、沟泥、湖泥、塘泥等；纯天然矿物质肥主要是各种未经化学加工的天然矿物质，包括磷矿粉、氯化钙、钾矿粉、天然硫酸钾镁等。

这些有机肥均经过了科学的处理，其中的病毒、细菌、虫卵等有害物均被清除，能够为小麦提供较为全面的营养，且可以有效改善土壤结构。

（二）微生物肥

微生物肥是以特定的微生物菌种培养生产的活性肥料，不仅无毒无害，而且形成了特定的微生物种群，其能够供给小麦所需营养或产生植物生长素，能够促进作物健康生长，而且是具有活性的肥料，能够在一定程度上维系微生物种群的生态。

微生物肥可分为两大类：一类是通过微生物的生命活动增加养分供应量，从而改善作物营养状况的菌肥；另一类则不仅能够提高养分供应量，还能依托于微生物产生的次生代谢物对作物产生各种刺激作用，例如，可产生植物生长素等。

比较常用的有自生、联合、共生的固氮菌肥，其能够在作物根部固定空气中的氮，从而为作物提供氮素，同时还能分泌生长素刺激作物生长；用解磷细菌、真菌制成的磷细菌肥，可以将土壤中难溶的磷转化为有效磷以供作物吸收，从而促进作物吸收磷素；用硅酸盐细菌、解钾微生物制成的硅酸盐细菌肥，可以对土壤中含钾的铝硅酸盐、磷灰石等进行分解，从而释放出钾素及磷素等以供作物吸收；复合菌肥则是由上述两种以上微生物制成的菌肥，彼此之间互不拮抗，可以促进一种或多种养分的供应。

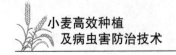

（三）腐殖肥

腐殖肥是各种含有腐殖质类物质的肥料，包括褐煤、泥炭、风化煤等，其本身就是天然形成的，结构和土壤中的腐殖质非常类似，因此其中的养分非常容易被作物吸收，可在为作物提供营养的同时改善土壤结构和肥力。

（四）半有机肥

半有机肥就是通过将有机物质和无机物质混合或化合最终制成的肥料。例如，在无害化处理的畜禽粪便中加入适量锌、硼、锰等微量元素，最终制成可以为作物提供氮磷钾三要素及各种微量元素的肥料；以发酵工业废液的干燥物质为原料，加入蘑菇种植业或禽类饲养的废弃物，最终混合制成复合肥料。

（五）长效无机肥

长效无机肥也就是长效化肥，由矿物经过化学或物理方式制成，包括矿物钾肥、矿物磷肥、包膜尿素、长效碳酸氢铵、深层尿素等，可以为作物提供长效养分，且对作物生产质量影响较小。

（六）其他肥

其他肥包括各种可用于叶面喷施的微量元素肥、植物生长素肥（不含化学合成物）、天然植物生长调节剂，以及微生物加藻酸、维生素、氨基酸或腐殖酸等制成的各种肥料。

还包括各种不含添加剂的食品或工业副产品制成的肥料，如木材废弃物、刨花、锯末等；又包括鱼渣、牛羊毛废料、骨粉、氨基酸残渣、糖厂废料、畜禽加工废料等有机物制成的肥料。

二、小麦无公害施肥原则及技术

（一）小麦无公害施肥原则

生产无公害小麦，需要遵循一定的施肥原则，主要有以下几项。

首先，需要科学检测麦田土壤的结构和养分构成比例，基于养分输入和输出平衡的原则，做到氮磷钾及其他微肥能够均衡供应，同时需要针对不同作物采取不同的施肥比例，对小麦种植而言，需根据小麦整个生育期对不同养分的需求量进行合理的施肥。

其次，以基肥和有机肥为主，需要增加基肥比重，通过减少追肥量来避免追肥过迟，同时避免小麦临近成熟对吸收的营养无法充分同化，以便达成小麦产品无公害的目标。基肥要以有机肥为主，针对当地土壤质地和营养结构选用优质有机肥料，允许限量加入化肥及微肥，同时要保证有机氮和无机氮的比例不低于 1∶1，最好处于 6∶4 到 7∶3 的程度。

再次，有机肥选用必须符合无公害标准，尤其是农家肥、人畜禽粪便肥等必须充分腐熟，必须根据小麦的需肥规律、土壤供肥特性及生育规律，最大限度减少肥料有效成分的流失，避免过量施肥造成对小麦产品和环境的危害及污染。

最后，要最大化提高无机肥的有效性，尤其是氮肥施用，氮素本身是小麦生长发育过程中吸收的大量养分之一，所以生育过程中必须确保氮肥充分，但大量施用氮肥很容易对产品、环境乃至人类的身体健康造成不良影响。无机氮肥容易在土壤环境中转化为亚硝态氮（NO_2-N）或硝态氮（NO_3-N），硝态氮易溶于水，所以很容易受淋溶作用污染地下水，亚硝态氮则会影响作物生长发育，还会反硝化生成氨氧化物释放，从而污染大气。小麦产品中亚硝态氮含量过高，就容易在人类食用后在体内还原为亚硝酸盐，从而引起中毒，甚至致癌。因此，小麦无公害施肥需要减少无机氮肥的量，避免施用硝态氮肥。

（二）小麦无公害施肥技术

小麦无公害施肥首先需要确定适宜的施肥量，这需要在检测确定土壤养分比例的基础上，运用平衡施肥的方式来施用适宜的肥量。可按下方公式对肥料施用量进行估测：

$$肥料施用量 = \frac{当季小麦总吸收量-土壤自身养分供应量}{单位肥料中养分含量×肥料当季利用率} \qquad (4-1)$$

式中，当季小麦总吸收量，是以小麦目标产量为基准，通过单位小麦所需养分量得出。在计算过程中需要根据不同肥料的某养分含量来计算最终肥料施

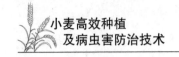
用量。

例如，有机肥之中，草木樨全 N 含量 0.52%，全 P 含量 0.04%，全 K 含量 0.19%，当季利用率达 40%，但其中磷素含量过低，即使利用率较高也无法满足小麦生长发育过程中对磷素的需求，因此在施用草木樨作为基肥时，必须加入适量磷肥进行补充，促使养分平衡。而有机肥中的牛圈粪肥全 N 含量 0.34%，全 P 含量 0.16%，全 K 含量 0.40%，各养分较为均衡，但当季利用率为 20%～30%，所以作为基肥时需提高施用量，以确保养分供给。

又如，碳酸氢铵和尿素是较常用的氮素化肥，但两者之间差别巨大，碳酸氢铵中含氮量为 17%，当季利用率 20%～30%，尿素中含氮量则为 46%，当季利用率高达 45%～60%，长效氮肥当季利用率更高，达 60%～80%。以此数据来计算，在氮素同等需求量的情况下，施用碳酸氢铵化肥的量比施用尿素化肥的量高 4 倍以上，若施用长效氮肥，施肥量则比尿素还低。

确定适宜的肥料施用量后，还需要科学的施肥方式。通常在小麦生产过程中，有机肥要全部以基肥形式施用，若整体氮素比例偏低，可以将基肥氮和追肥氮按照 6：4 或 7：3 左右的比例进行施用；磷肥要一次性作为基肥深施，可采用分层施肥模式，均分 3 份施入 5 厘米、10 厘米和 20 厘米土层；钾肥可一次性作为基肥全部施用，也可 70% 作为基肥，剩余 30% 留作追肥。

基肥重施的情况下，通常冬小麦的冬前苗情较好，所以冬前不需追肥，冬后则需重施起身肥或拔节肥，为了控制春季分蘖和有效蘖数量，可以适当延迟水肥供应。例如，推迟到拔节期。此时追肥量可以适当增加，氮肥追肥量可占据总追肥量的 80% 以上，甚至更高。另外则是在小麦生育后期，尤其是在灌浆期，可在成熟前 20 天，采用叶面喷施磷钾复合肥（磷酸二氢钾溶液）的方式追肥。

通过重施基肥、单次重施追肥、有针对性追肥的方式，在促进小麦增产的同时保障产品无公害。

第五章　小麦高效栽培技术

第一节　小麦高产栽培技术

小麦的高产栽培，最基本的就是根据当地的土壤肥力、灌溉条件、气候条件和施肥习惯等，选用适合在当地种植的优质、高产、稳产的小麦品种。例如，在灌溉条件较好、土壤肥力较高的地区，可以选择抗倒伏、增产潜力大、耐肥的品种；在气候干旱、灌溉条件较差、土壤肥力偏贫瘠的地区，则需要选择适应力强、耐干旱、耐贫瘠的品种。另外，小麦新品种一直在不断推出，可以根据当地特性留意新品种的信息，选择最优的高产品种。

一、春小麦高产栽培

北方春季温度较低，升温也较为缓慢，因此北方春小麦区域的底墒水应该在冬前土壤夜冻而日融的时候浇灌。到春季整地时以深耕 25～30 厘米为适宜，之后及时耱耥保墒，保证土壤表层松软细绵，而下部紧实无空洞。

（一）高产春小麦基肥管理

为促进春小麦高产，可以采用秋耕施用底肥的方式，即在冬前腾茬后深耕并施底肥深翻，这样可以有效改善土壤结构，底肥以全腐熟的优质有机肥为主，可加入适量氮肥和磷肥，根据不同地域土壤特性，施肥量有所不同，通常对于高产麦田每亩可施用 3000 千克以上粗肥，加入 200 千克以上优质干鸡粪，再加 10 千克尿素、20 千克二胺（可分两份，一份作为基肥，一份作为种肥）、25 千克氧化钾及适量微肥（锌肥、硼肥、铁肥等各 1.5～2.0 千克），将这些作为基肥深耕施用。

对于利用秸秆还田的麦田，需要注意增施氮肥和微肥，通常可以每亩增施碳铵 10～15 千克、硫酸锌 1.0～1.5 千克，对于缺硫地块可选用硫酸铵来增施

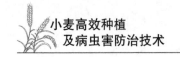
氮肥，这样同时能够增硫，或选用硫酸钾，能够在增钾的同时增硫。

（二）高产春小麦播种管理

种植春小麦需要注意防止品种多年单一化，适当尝试不同的适宜品种，能够有效提高产量，同时在播种前要进行种子筛选和播前晒种，通常需晒种 2～3 天来提高发芽率和种子活性。晒种过程中可对田间进行杂草清除，破坏病虫害栖息地，减少病原。

晒种之后进行消毒拌种时，需根据当地苗期常发病虫害来确定药剂。例如，对于地下虫害发生率高的地区，可用 40% 甲基异柳磷乳油或 50% 辛硫磷乳油 100 克，加水 5～8 千克拌种 100 千克，拌种后堆闷 3～4 小时晾干播种；对于黑穗病及纹枯病常发地区，可用 2% 立克莠 50 克或 15% 粉锈宁可湿性粉剂 200 克，加水 5 千克拌种 100 千克；对于全蚀病常发地区，可用敌萎丹等进行种子包衣或拌种。

北方春季通常多风且干旱，因此土壤失墒较快，且大部分地区春末夏初都比较干旱，而春小麦进入生育后期后，又多发热干风和阴雨，因此北方春小麦需要适时早播。通常可以在昼夜平均日气温稳定在 0～2℃，表土开始化冻时播种，不仅能够通过低温对种子进行锻炼，增强其含酶的活性，促进苗期根系发育，延长分蘖期，还能够有效降低春小麦常遇到的生育后期高温逼熟等现象的出现次数。

播种时需进行合理密植，春小麦产量的主要决定因素是有效穗数，不过春小麦分蘖期较短，所以受到自然条件制约成穗率较低，综合来看春小麦需要通过增苗的方式增穗，即适当提高播种量。

当然，播种量还需要根据当地生产条件和小麦品种进行适当调整。当土壤肥力较为贫瘠时，其本身承载穗数能力较小，因此可以减少播种量；当土壤肥力较高时，则可以增加播种量；若土壤肥力极高，容易形成旺苗，需要适当减少播种量，避免过分密植削弱个体植株。另外，对于分蘖力较弱的品种适宜提高播种量，对于分蘖力强的大穗品种则适宜减少播种量，对于小穗品种则适宜提高播种量。具体播种量需要综合考虑多个方面因素进行确定，通常高水肥麦田适宜适时早播，亩播种量在 7 千克左右，中水肥麦田则适宜适期播种，亩播种量可在 8.5 千克左右。

播种过程中深度要统一，适宜深度为 3～4 厘米，可以分两次进行播种，第一次下种 2/3，剩余部分第二次播完，这样可有效提高播幅，充分利用麦田空间，春小麦通常以等行形式播种，行距 15 ～ 20 厘米为适宜。

（三）高产春小麦田间管理

可以分前期、中期和后期 3 个阶段对春小麦进行田间管理，前期主要是苗期，培育壮苗、促根壮蘖的关键是在播前整地、基肥施用、适时早播的基础上，管控好头水，可以在三叶期前后浇头水（若土壤墒情较好可抢墒播种后适当中耕保墒）。

中期主要是麦苗各器官形成阶段，从拔节期开始小麦进入营养生长和生殖生长共进的阶段，中期是决定大穗的小穗数和花数的关键时期，也是为后期高产打基础的关键阶段。通常高产春小麦的土壤肥力条件良好，在前期水肥促进良好的情况下，可以达到足够的大穗数，因此中期需要注意的是促进分蘖两极分化并控制过旺群体，以达到足够的小穗数，可适当推迟二水灌溉的时间并加大二水灌溉的量。

后期主要的田间管理方向是保根、保叶并争粒重，高产栽培条件下，前期和中期的氮素代谢通常非常旺盛，因此碳水化合物贮存较少，所以春小麦达成高产的粒重主要来源于后期的叶片光合作用，需要尽可能延长旗叶和倒二叶的绿色功能期，水肥供应要围绕防早衰和防贪青晚熟，要适时浇好灌浆水，并结合叶面喷肥和及时防治病虫害来争取粒重。

（四）适时收获

春小麦的收获期非常短暂，且春小麦收获期常恰逢雨季，同时气温开始大幅上升，易遭受病虫危害，所以可以适当提前收获。虽然蜡熟末期是干重最高、产量最大的阶段，但春小麦的收获期需根据具体情况适当调整。若是人工收割，可提前到蜡熟中末期，即使稍微提前籽粒也需要经历晾晒后熟，籽粒依旧可以积累干物质提高粒重；若是机械收割，可以在完熟初期进行收获，过早收获的话籽粒中含水量会较高，容易造成机械故障和脱粒困难。

二、冬小麦高产栽培

相对而言，冬小麦的生长发育期比春小麦长，因此在栽培管理过程中分为

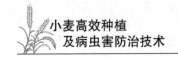
冬前和冬后两个部分，冬前主要是整地、基肥施用、播种、出苗及促使幼苗越冬，冬后则是麦苗起身后的中后期生育管理。冬小麦播种品种的选择标准和春小麦类似，但需要根据品种特性选择耐寒等适宜越冬的长生育期类型。

（一）高产冬小麦基肥管理

冬小麦通常会在上茬作物收获后，在进行整地管理基础上适时播种，所以一般会进行秸秆还田。对于玉米秸秆还田，最好能够粉碎两遍、旋耕两遍之后再进行播种，若是长期秸秆还田的麦田，可以一年深耕连两年旋耕（即深浅轮耕），可有效促进土壤结构优化。

在秸秆还田的基础上，可增施一定有机肥，如完全腐熟的鸡、牛等畜禽粪便肥，同时加入尿素和硫酸钾各5千克，磷酸二铵15千克，一起作为基肥。若是无秸秆还田的麦田，则可以每亩施用3000～5000千克有机肥，或1000千克腐熟鸡粪细肥，同时加入氮肥10～15千克、磷肥10～15千克、钾肥10千克，以及锌肥和硼肥各1千克。氮肥可留存一半作为后期追肥，磷肥可分两次施用，一次在施用基肥时加入70%，剩余30%可在麦田做好畦后施于畦面或作为种肥，其他化肥与有机肥混合作为基肥施用。

（二）高产冬小麦播种管理

高产冬小麦的种植必须保证拥有足够的底墒，足墒不仅能够在播种后满足小麦苗期生长的养分和水分需求，促成全苗和壮苗，还能够在一定程度上为减少冬灌提供便利。充足底墒的要求是保证麦田2米以上的土壤层能够达到最大持水量的80%。

冬小麦播种量的确定，需要综合考虑当地土壤情况、茬口情况及栽培模式，尽量适期播种，亩播种量应该在12～16千克，晚播则需要加大播种量。同时，不同品种特性小麦的播种时期也有所差别。例如，冬性品种适宜在冬前日平均气温达16～18℃时播种，半冬性品种则适宜在冬前日平均气温达14～16℃时播种，尽量让冬前积温达到570℃以上。

通常若冬小麦下茬作物为夏季玉米，可以采用等行距条播，行间距控制在12～15厘米；若下茬选择与玉米套种，则可以采用两密一疏、三密一疏、四密一疏等方式进行播种，密行间距在15～18厘米，疏行间距在22～28厘米，甚至可以采用五密一疏（密行间距在10厘米，疏行间距在20厘米）的方式进行播种。^①播种深度一般在 3～5 厘米，若播种后即浇蒙头水，则可适当浅播，3 厘米左右即可。

（三）高产冬小麦田间管理

高产冬小麦的田间管理主要可以依据小麦的不同生育时期进行科学的管理。

出苗期不需要增施水肥，但需要注意及时查苗补苗，避免缺苗断垄，可以将补种的麦种冷水浸泡 24 小时以促进其活性和抗寒性，补种之后需要将表土踏实。

冬小麦和春小麦最大的差别就是需要经历越冬期，为保证幼苗安全度过越冬期，需要适当进行冬灌，通常若播种时底墒较差，或未浇蒙头水，或处于较为干旱的年份，50 厘米以上土壤层的含水量低于最大持水量的 60%，就需要适时冬灌。通常冬灌要选在夜冻日融的天气，灌水量以能够浇透土壤 50 厘米左右，当天能够渗透完为适宜，约为每亩 40～50 立方米。若土壤墒情较好，则不需冬灌，若苗情较差，则需要适当进行镇压，在确保其安全越冬的同时促使其冬后壮苗。

冬后冬小麦进入返青期后需要注意采用恰当的田间管理，通常返青期不进行灌溉，因气候温度还较低，若浇水不仅易于令地温降低，还会令幼苗增加无效分蘖从而浪费养分。若土壤墒情较差，返青期可镇压保墒；若土壤墒情较好，以划锄保墒为主；若土壤结构不佳，可以镇压之后划锄。需针对苗情和土壤情况采取对应的管理手段。

冬小麦进入起身期后，温度开始逐渐上升，可视土壤墒情浇春季第一水，当土壤含水量低于最大持水量的 55% 时就可以进行灌溉，若土壤墒情较好或气候较为适宜，可适当将春季第一水推迟到拔节期。因气温开始上升，幼苗处于病虫草害多发阶段，因此需要注意使用药剂防治病虫草害。

为了实现冬小麦丰产高产，可以适当延迟追肥，将追施氮肥的时间推迟到拔节期乃至孕穗期。例如，在起身期未浇春季第一水，可以在拔节期灌溉的同时追施氮肥，不仅能够增加穗粒数，同时能够延缓植株衰老，从而提高后期光合作用效率，有利于后期丰产和改善籽粒品质。

---

① 张胜爱，郝秀钗，王志辉，等．不同行距对冬小麦产量及构成因素的影响［J］．中国农学通报，2014，30（24）：194–198.

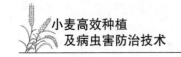
冬小麦进入抽穗期后，若降水较大，可以直到成熟期都不进行灌溉，若降水普通，则可以在抽穗末期开花初期浇第二水，若气候较为干旱，则需要在抽穗期浇第二水，进入灌浆初期或开花末期浇第三水，以满足小麦开花期和灌浆期的水分需求。

从抽穗期开始冬小麦进入了生育后期，气温也开始快速升高，这无疑会加重病虫草害的发生。在抽穗后扬花前，需要注意防治吸浆虫成虫，并预防后期易出现的白粉病、锈病、赤霉病等，可以采用一喷多防的形式进行病虫害防治；在扬花后灌浆前，需要以防治蚜虫为主，也可兼顾后期易出现病害。

冬小麦生育后期不适宜土壤追肥，可采用叶面追肥的方式补充氮磷钾各营养元素，这样有利于增加粒重，实现高产。

冬小麦最适宜的收获期是蜡熟末期，在该时期小麦植株的茎秆已经完全变黄，但茎秆尚有弹性，不易倒伏，可以联合收割并麦秸还田。进入完熟期后植株茎秆会变脆，若遭遇大风或降雨很容易降低产量，因此要适时收割。

第二节　小麦无公害栽培技术

小麦无公害栽培主要体现在一系列细节方面，首先就是生产基地的选址需要合理且科学，必须远离各主要交通干道，周边数公里范围内无污染源，同时麦田周边的环境质量符合相关的无公害产品基地标准。

一、选种、播种和施肥技术

（一）选种和处理

小麦无公害栽培需要选择优质良种，通常选种原则是选用经农作物品种审定委员会审定的品种，严禁选用转基因品种，品种要求是高产、优质、抗逆性强、适应性广、抗病虫能力强等。

选好品种之后，需要运用科学的方式对种子进行有针对性的处理，通常需要用专用晒具将种子晾晒 2～3 天，之后进行种子筛选，可根据当地多发病虫害情况采用专用种皮剂进行种子包衣，不仅能够辅助小麦预防各种病虫害，同时能够为小麦种子提供一定的养分，以便促进种子生长发育，力求全苗、壮苗。

（二）适期播种

针对不同气候条件、土壤特性、小麦品种，适播期并不相同，因此在选种前首先需要确定栽培模式，春小麦播区适宜在 3 月下旬到 4 月中下旬进行播种，需根据不同地域的气候特性确定适宜的播期，通常可以在日平均气温达到 0～5℃时进行播种。

冬小麦播区适宜在 9 月下旬到 10 月中旬进行播种，同样需要根据当地实际情况适当调整，通常可以在日平均气温达 12～18℃时进行播种，不同品种类型的适播期也会有所不同，可根据品种的特性选择适宜的播期。

（三）无公害施肥技术

小麦无公害栽培的肥料以充分腐熟的有机肥为主，同时还以基肥为主，需要通过对土壤进行养分检测，根据土壤配方施肥，所基于的原则是保持土壤养分平衡。具体施用的肥料种类和施肥方式，可以参照上一章小麦无公害施肥技术的内容。

小麦无公害施肥以基肥施用为最重要，每亩麦田可施用有机肥 3000～5000 千克，并加施优质小麦专用肥 70～80 千克，可分别再加入锌肥和硼肥 1 千克。在整个小麦生育期施肥过程中，要严禁施用硝态氮肥，可在施用基肥时选用有固氮效果的豆科绿肥，可以有效延长氮素有效期。

二、田间管理及无公害贮藏

小麦无公害栽培的田间管理最主要是有效控制苗情，而且冬小麦和春小麦的管理模式还有所不同。

（一）小麦田间管理技术

冬小麦生育前期管理，需要以促弱转壮、控制旺苗、稳定壮苗为基础，在保证土壤底墒充足的前提下要尽量减少冬前浇水次数，若因为干旱情况造成土

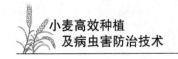
壤底墒不足，可浇分蘖水或越冬水来提高底墒。①

通常在播种前施用足够基肥后，麦田不会缺乏底肥，所以冬前一般不需要进行追肥。在冬灌之前需要先适时进行深耕，打破土壤表层板结来增温保墒，同时促进小麦根系的发育，需要深耕至10厘米左右，之后细耕以使土壤紧实平整，再浇冬灌水，尤其是出苗后出现了降雨天气，或冬灌时出现了土壤表面板结，需要及时进行划锄。

另外，冬前可以针对土壤结构和苗情进行适当镇压。一方面，提高土壤紧实度，令根系和土壤接触得更加紧密，促进根系吸收养分；另一方面，可以起到保温保墒、避免幼苗冬季受冻的作用。若苗情过旺，则可以将镇压适当提前，可在分蘖后期进行镇压以抑制幼苗继续向上生长，使旺苗转壮苗。

冬小麦进入越冬期后，要在返青期之前进行适度中耕来提高地温，促进幼苗发育，如果发现田间有裂缝要及时进行镇压，以避免早春寒流对幼苗产生冻害。进入返青期后若苗情较差，可适当进行水肥追施，若苗情较好，可在拔节期进行水肥追施。

通常若土壤墒情较好，苗情较佳，抽穗之后可不浇灌浆水，若小麦苗情偏差，可以在开花前一周浇扬花水。

春小麦的生育期较短，因此需要采用适时灌溉的方式促进小麦生长发育，通常在幼苗二叶一心或三叶一心时灌溉头水，之后视土壤墒情每隔10～15天灌溉一次，其中最主要的是孕穗期的灌溉、扬花期的灌溉及灌浆期的灌溉，最好能够适时灌溉，以促进春小麦长势良好。

（二）小麦无公害病虫害防治技术

无公害小麦的病虫害防治以预防为主，通常以生物防治、农业防治和物理防治为主，尽量减少化学药剂的应用，避免小麦产品出现农药残留。可以针对不同地域的病虫害特性，结合病虫害预测报告，有针对性地实现早预防、早防治、准确防治。

可以采用害虫天敌的生物防治模式来实现虫害预防。例如，运用青蛙、草蛉、蜘蛛、寄生蜂等来预防主要虫害；也可以使用生物农药，包括苏云金杆菌、多角体病毒、杀螟杆菌等微生物农药，或微生物次生代谢产物——抗生素

---

① 赵鹏.无公害小麦高产栽培技术［J］.农民致富之友，2018（12）：127.

来预防麦田主要病害。

无公害小麦的病虫害防治也可以通过换茬轮作、间作套种等模式来实现，有效控制和减少病虫害发生，需避免见虫就治、除虫务净的观念，适当保留少数害虫可以有效促进有益天敌的良性发展。

物理防治主要是利用害虫对外界刺激的趋避反应来实现虫害预防。例如，黑光灯能够诱杀上百种田间害虫成虫，能够有效控制虫口密度；可利用对应害虫的潜伏特性、食物喜好特性，用杨树枝来诱集害虫并集中捕杀，或用糖等诱捕蝼蛄等害虫。

（三）小麦无公害贮藏技术

收获小麦时要做到适时并及时，通常可以根据收割方式在蜡熟末期或完熟初期进行收获，要避免过早和过晚收割，否则易导致产量降低。

收获之后的小麦在进行晾晒时要远离易污染的环境，避免在车辆、行人较多的区域翻晒，同时要避免在水泥地面进行暴晒，这样易引发小麦品质出现下降。

在整个收获后的加工过程中，要保证周边数百米到数千米内无污染源，加工过程中要做到全程无污染，不论是包装、贮藏，还是运输，都需要符合相关的标准，如包装材料无污染、贮藏仓库专用无污染、运输车辆专用无污染，禁止和其他物质或作物混合贮藏及运输，全程化管控，以确保小麦的最终品质。[①]

第三节 小麦间作套种栽培技术

作物的间作套种技术是一种综合利用各类自然资源，包括土壤肥力、光能、热能和水能，以及生产条件的集约化栽培制度，是实现作物增产、丰富作物类别的重要栽培技术。

---

① 张洪杰. 无公害小麦种植技术［M］. 武汉：崇文书局，2009：13–14.

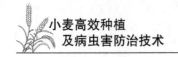
一、间作套种栽培技术的作用机制

间作套种就是在同一片田地中，在同一个生长期内，通过分行或者分带的方式，令两种或两种以上生育期相近的作物相间种植，能够实现相对缩短主体作物生育期，最终增产增收的一种种植方式。

（一）间作套种的优势

使用单一作物的种植方式，会出现作物争地的情况，尤其是生育期较长的作物容易出现腾茬晚、延误下茬作物播种、令下茬作物减产，最终出现作物无法接茬从而出现土地闲置期，不仅容易造成作物产量低、种类少的情况，也会因为土壤闲置造成自然资源的大量浪费。间作套种相对单一作物的种植方式则具有非常明显的优势，主要体现在以下 3 个方面。

首先，间作套种能够有效缓解作物的争地矛盾，可提高土地资源和自然资源的综合利用率。合理的间作套种，能够形成相携的作物复合群体，可以实现同样的作物生育期、同样的空间资源、同样的土地资源条件下，充分运用光能、热能、水能等，将这些自然资源转变为更多样更高质量的作物产品，从而充分提高土地资源和各类资源的利用率，避免了连茬作物的争地矛盾。

其次，间作套种可以实现增效增产。间作套种并非简单地将两种或两种以上作物套种在一起，而是通过合理的种植方式充分发挥和利用不同作物之间的有利关系，用更少的经济投入和资源投入，获取更多的产品输出，甚至可以运用不同作物的不同特性，实现更平衡的营养吸收，创造更利于作物生长发育的环境。其实现增效增产最直接的体现就是比单作收益更大。例如，小麦和棉花两熟的间作套种模式的纯收益比棉花单作提高 15% 左右，有些地区甚至能提高一倍。

最后，间作套种更易实现稳产保收。因为不同的作物对自然灾害的抗御能力有所不同，合理的间作套种能够充分发挥出不同作物的不同抗御灾害的能力，从而整体提高作物群体的抗御灾害能力。例如，在冰雹多发区域，采用低产但抗风和抗冰雹能力强的甘薯，间作套种高产但不抗风不抗冰雹的玉米，在遭受冰雹和大风危害时，虽然玉米会大幅减产，但甘薯却能保证产量从而确保作物群体稳产保收。

（二）间作套种的增产机制

间作套种的增产机制主要能够从4个方面来体现，分别是时间、空间、根际环境和作物关系。

1. 时间互补机制

不同的作物拥有不同的生育期，单作模式之下通常需要在上茬作物收获之后才能种植下茬作物，易造成时间竞争。而进行间作套种，能够充分利用不同季节的自然资源和条件，令生育期不相同的两种或多种作物能够同时生长发育，最终避免生长季节的腾茬和浪费。

2. 空间互补机制

任何作物的生长和生产都需要依赖建立在太阳光的光能基础上的光合作用。不过不同的作物有着不同的植株高矮、株型、叶型和需光特性，合理的间作套种能够使不同光能需求的作物彼此搭配，从而实现空间上的合理分布，并充分利用空间特性提高光能的利用率。

间作套种提高空间上的利用率体现在3个方面。

（1）提高采光利用率

间作套种的复合群体中，上位作物主要利用上位的光能，所以多数为窄叶或叶片上冲的高秆作物，如玉米、谷子、高粱等，下位作物则主要利用下位的光能，多数为阔叶或水平叶的矮秆作物，如花生、马铃薯、豆类等。

这种高秆作物和矮秆作物搭配的间作套种模式，能够令复合群体的空间架构趋于伞状，可以促进全田分层受光，将原本平面采光的模式转变为立体采光，可更有效地利用光能。

（2）提高光合作用效率

高秆作物和矮秆作物间作套种，可以令复合群体的可得光时面积（即作物群体的受光面积乘以时间）大增，因其采光不仅来源于上部射来的光，还有从侧面射来的光，通常间作套种比单作的可得光时面积高33%以上。

同时，不同高矮的作物间作套种，可以使整个空间的叶片布局更加紧密，能够令强光分散为中等光，可有效提高作物对光能的吸收和利用。

另外，可以通过喜光作物与耐阴作物间作套种，实现采光的异质互补，即喜光作物能充分吸收光能，耐阴作物则能获取更好的生长环境。

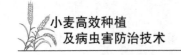

（3）改善田间通风和二氧化碳供应情况

单作栽培过程中，组成的群体株型、高矮、叶型、叶片伸展空间和位置等方面均比较统一，很容易造成透光条件差、透风效果差的结果，对作物的呼吸和蒸腾作用有很大不利影响。

采用间作套种的种植方式时，尤其是高矮配合的间作套种，下位作物形成的生长带会成为上位作物透光、通风的良好通道，更有利于田间空气的流通和扩散，从而改善通风效果，促进复合群体生长所需二氧化碳的补充和更新，更易形成良好的生长和生产态势。

3. 根际环境互补机制

不同作物的根系发展和分布会有所不同，根系的宽度、深度等都会有所差别，所以可以利用不同作物根系发展和分布的不同，促使地下空间的互补利用，从而实现土壤肥力和水分的分层供给，实现充分利用土壤资源。

同时，不同的作物对土壤养分的需求也会有所不同，根据不同作物吸收养分的种类和数量的不同，间作套种也会出现一定的互补与竞争共存的局面。例如，玉米是需肥量较大的作物，需要大量的氮素，而豆类拥有一定的固氮能力，可有效增加土壤中的氮素，所以玉米和大豆的间作套种，可以实现彼此的营养互补；小麦也属于需肥量较大的作物，同样需要大量氮素，因此和玉米间作套种就会形成一定的氮素竞争关系。

4. 作物的生物间互补

间作套种后，作物的种类、复合群体的结构、不同作物建构的生态环境也会出现变化，不同的生态条件会令各种生物间的互补和竞争关系更加复杂。

合理的间作套种能够改善田间通风和透光效果，从而可以有效改善生态条件，对一些病害产生抑制作用；但不合理的间作套种，可能会产生更有利于病虫害发生的生态条件，从而令作物的病虫害加剧。

高矮作物间作套种时，上位高秆作物的边行因为通风和透光条件更好，又处于边行，所以根系空间竞争小，根系更加发达，其边行的作物不论是生长发育状况还是产量等，都会比内行的同类作物更好，体现出边行优势（也称边际优势）；而下位矮秆作物则容易体现出边际劣势。所以，在间作套种过程中，要采用合理科学的技术措施发挥边际优势，减轻边际劣势，促使全面增产。

在不同作物的生育期中，地上部分和地下部分都会分泌一定的对其他生物产生影响的物质，即其生长发育过程中的代谢产物，有些有益而有些有害。采取间作套种可以根据作物代谢产物的不同，有针对性地选择更具优势的作物进行配合。例如，绿豆产生的协调素对螟黄赤眼蜂有一定诱引作用，间作棉花，螟黄赤眼蜂（可寄生棉铃虫）则能够有效减轻棉铃虫的危害。

（三）间作套种栽培技术内容

间作套种栽培技术主要是根据其作用机制探索出的各种具体种植方式，具体可以从 3 个方向进行搭配。

1. 不同作物种类及品种的搭配

可以分别从生态适应性、作物生育特性和综合效益方面进行考虑。

（1）生态适应性

不同作物的生态适应性会有所不同，即作物对外界环境条件的适应能力不同，进行间作套种过程中，可以通过选择生态适应性差异较大的作物种类及品种，来实现最终间作套种复合群体的优势互补。通常根据作物生态适应性选择间作套种作物时，需要其对环境条件的适应能力大体相同却又存在一定差异，不会出现巨大的竞争矛盾。

例如，小麦和豌豆对氮素的需求不同，小麦为高氮素需求作物，而豌豆是可固氮作物，彼此能够形成互补；玉米和甘薯对磷素及钾素的需求不同，甘薯吸收的养分中，钾素为主、氮素次之、磷素最少，生育中期对磷素的需求量最大，而玉米吸收的养分中，氮素为主、磷素次之、钾素最少，生育后期对磷素的需求量较大，从而不会出现营养竞争；[①]棉花和生姜对光照的需求不同，棉花属于喜光作物，光照充足时可提高产量，而生姜属于喜光耐阴作物，适当遮光对提高产量有明显作用。

根据不同作物及不同品种对生长发育条件的不同需求，可以进行一定合理科学的搭配，从而实现各取所需、趋利避害、充分利用生态条件达成彼此增收丰产的目的。

（2）作物生育特性

不同作物拥有不同的生育特性和株型表现，因此可以根据作物之间生育特性的差异来相互搭配，实现综合利用自然资源的目的。

---

① 杨欢，赵浚宇，施凯，等. 磷素施用对鲜食糯玉米养分积累分配和产量的影响［J］. 玉米科学，2016，24（1）：148-155.

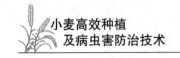
高秆作物和矮秆作物的搭配，可以实现群体结构由平面和单层转变为立体和多层，可以更加充分地利用自然资源，还可以通过不同生长带的形成促进植株间的空气流通和交换，对田间的温度和湿度调节有极大的好处。

不同株型的作物的叶片大小和形状也通常会有所不同，株型和叶型在空间上的互补搭配，能够增加复合群体密度和叶面积，在一定程度上提高作物的叶面积系数，提高光合面积及效果，从而有利于光合产物形成，提高产量。隔行间作的模式下，不同叶片大小和形状的互补作用意义非常重大。

不同作物会有不同的根系发展情况，其根系的深浅、疏密会有所不同。根据根系的疏密度不同、深浅不同进行搭配，可以在避免养分竞争的基础上，实现土壤肥力的最大化利用，能够令土壤单位体积内的根系量增加，从而提高作物对土壤水分和养分的吸收能力，最终在提高产量的基础上，改善土壤结构和环境。

不同作物的生育期会有所不同，不同生育期作物的长短、前后交替搭配，能够充分利用时间，既能够提高生育期较长作物的增产潜力，又可以在同等时间内增加收获作物的品种和产量。

（3）综合效益

在进行间作套种过程中，也可以从综合效益的角度来考虑，进行恰当的作物搭配。

一方面是基于增长方面的考虑，检测经济效益是否比单作有所提高，甚至在某类作物出现一定量的减产的基础上，综合经济效益得到了大幅提高，此类间作套种同样符合田间需求。例如，玉米和大豆的间作套种能够实现彼此增产同时经济效益大幅提高，所以此类组合值得大范围推广和应用。

另一方面是基于生态效益方面的考虑，即间作套种能够调节生态环境，达到更优的生态效益，这种优良生态效益才是最终实现经济效益提升的关键和保证，良性的生态环境可以促使间作套种拥有更加持久的稳产效果。

2. 合理配置作物田间结构

通常对于单一作物的种植，田间结构主要实现的是平面布局，即通过对田间平面布局的调整来实现单一作物的高质增产。间作套种则是通过复合群体的相互关系、田间组合和空间分布等，实现水平结构和垂直结构均达到最佳的效果。

其中，垂直结构主要由选择的作物品种决定，如高秆作物、矮秆作物、藤蔓作物等，其植株的不同高矮情况就形成了多样化的垂直架构，间作套种可以通过利用不同垂直空间的作物进行合理搭配，实现垂直分层的作物模式。

水平结构则是通过不同的排列模式来实现作物之间的互补、增产等。通常可以从作物的密度、幅宽、行数及行株距、作物间距、带宽等几个方面进行调整和合理搭配。

作物的密度指的是种植的密度，参照叶面积系数的大小，调整间作套种复合群体的密度就是基于不减少或轻微减少某作物的密度，来实现复合群体密度的增加，以达成提高经济效益的目标。

作物的幅宽指的是成带状种植的作物之间的宽度，间作套种的作物之间的幅宽需要在不影响播种任务、适宜现有机械条件的前提下进行搭配，同时需要保证作物总边际效应有所提高。

作物的行数及行株距，需要以行比和单作密度来最终确定。行比指的是不同作物种植行数的比值。例如，两行玉米间作两行大豆，行比就是2∶2。通常间作套种的作物行比需要遵循高秆作物不能多于矮秆作物，每个栽培带行数不能少于边际效应影响的行数2倍的原则。例如，小麦和棉花间作，棉花属高秆作物，每个栽培带可种植2行，小麦属矮秆作物，每个栽培带最高可种植6行，总行数越少增产越显著；甘薯和大豆间作，大豆属高秆作物，甘薯属藤蔓作物，两者行数都要在4～6行，总行数越多则减产越低。作物行株距需要以单作密度为基础进行最终搭配，通常高秆作物的行株距需要比单作时小一些，而矮秆作物的行株距需要比单作时大一些，彼此配合能够更充分地利用光照和热能。

作物间距指的是相邻两种作物行间的距离，虽然间作套种目的是更加充分地利用土地空间，但确定作物间距时还需要照顾到下位作物的采光要求和通风要求等，以不影响下位作物生长发育为原则。通常可以根据两种作物行距的一半之和进行适当的调整，若光照、热能、土壤肥力、水资源等较为充足，作物的间距可适当小一些，若各种条件都较差时，作物的间距则需要适当大一些，以保证作物的正常生长发育。

作物的带宽通常指的是带状播种作物之间的闲置宽度。通常当高秆作物属于喜光作物，在间作套种中占据种植计划的大比例，而矮秆作物不太耐阴时，两者就都需要较大的幅宽，间作套种时就需要采用高带宽种植；当高秆作物属喜光作物，但在种植计划中占比较小，矮秆作物在种植计划中占比较大，又属于耐阴作物时，则可以采用窄带宽种植。另外，通常株型较高大的作物，种植

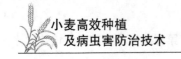

时间距与行距都需适当增加，适宜高带宽种植。

3. 生长调节剂调控技术

间作套种过程中，难免会出现不同作物之间的生长矛盾，在处理这些矛盾时可以适当应用植物生长调节剂进行调控，通常遵循的原则是控制上位作物，促生下位作物，协调两者之间的关系，塑造出最理想的分层式株型，保证不同作物均能够正常发育。

生长调节剂调控技术需要根据实际情况进行适当调整，最终的目的是协调作物个体发育和复合群体生长的冲突和矛盾，促成整个群体高产稳产，提高经济效益和生态效益。

二、小麦间作套种主要类型

小麦和其他作物的间作套种主要可以分为 3 类，一类是小麦与粮食作物的间作套种，一类是小麦与经济作物的间作套种，还有一类是小麦与蔬菜作物的间作套种。

（一）小麦与粮食作物间作套种

小麦与粮食作物的间作套种，主要有两种模式，一种是春小麦与玉米的间作套种，一种是冬小麦与玉米、大豆的间作套种。

1. 春小麦与玉米间作套种

小麦和玉米都属于高需肥作物，两者的间作能够提高土地的利用率，同时春小麦的灌溉特性也能够令玉米得到益处，从而实现节水栽培，玉米属高秆作物，与小麦间作能够保证通风透光，所以长势更加均衡，产量提升明显。

主要种植规格是做 1.67 米畦，小麦带幅为 1 米，玉米带幅为 0.67 米，小麦可播种 6 行，行距 20 厘米，行株距 10 厘米，玉米播种 2 行，行距 33 厘米。通常春小麦在 3 月中下旬播种，深度控制在 3 厘米左右，玉米在 4 月中旬播种，深度控制在 4 厘米左右，两者共同生长发育时间约为 70 ~ 75 天，当小麦进入灌浆期，其植株高度与玉米相近，玉米的穗部位于小麦冠层以上，因此能够满足彼此的环境条件需求。

春小麦和玉米间作套种时可以统一施用基肥，也可分块施肥。若统一施用基肥，可每亩施用 7500 千克有机肥，加入纯氮肥 12 千克和纯磷肥 8 ~ 10 千克。

若分块施肥，可在麦田每亩施用 3500 千克有机肥，加入尿素 9 千克、磷酸二铵 12 千克，在小麦三叶期浇头水时追施尿素 6 千克，抽穗期追施碳酸氢铵 10 千克；在玉米田每亩施用磷酸二铵 10 千克，进入拔节期或喇叭口期追施碳酸氢铵 75～100 千克。

灌溉时需根据土壤墒情适时浇水，可在小麦拔节期、灌浆期和麦黄期进行浇水。玉米灌浆期若土壤墒情较差，则可以利用麦田灌溉渠灌水，这样可满足两种作物的用水需求。

2. 冬小麦与玉米、大豆间作套种

冬小麦和玉米、大豆的间作套种：冬前适播期先播种小麦，通常在 10 月上旬左右播种，做 2 米畦，小麦按行距 20 厘米种植 8 行，留 60 厘米高畦埂；来年 6 月上旬左右，距离小麦收获 25～30 天在畦埂上套种 2 行玉米，行距 40 厘米，与小麦间距 10 厘米；待小麦收获之后在麦茬上种植 3 行大豆，行距 40 厘米，距离玉米 40 厘米。

三者间作套种时需选用矮秆、株型紧凑的早中熟良种小麦，同时小麦要具有较强抗逆性；对于玉米则适宜选用生育期较长的中晚熟品种，可以利用套种延长生育期，从而增加产量。

此类间作套种模式下在小麦收获后、大豆播种前可不再整地，前提是小麦播种前深耕并施足基肥，可每亩施用有机肥 5000 千克，加入过磷酸钙 60 千克、尿素 30 千克、硫酸钾 60 千克，以满足全年养分用量。

（二）小麦与经济作物间作套种

小麦与经济作物（包括花生、棉花、向日葵等）的间作套种通常采用分畦种植和高低畦种植的方式，适当增加种植密度，可采用窄行距密株距的种植方式。因种植密度不同，所以在施肥时需要以种植密度为基础，以产量定肥量，施肥过程中要以株定施用量，而不能简单地以种植面积定量。

1. 小麦、油菜、棉花、花生间作套种

以上 4 种作物的间作套种模式下，需做 3 米畦，在 10 月中旬适期播种小麦，按行距 20 厘米播种 9 行，预留 1.2 米空田。到 10 月底或 11 月初，在预留田内移栽 2 行油菜，窄行距 30 厘米，株距 13 厘米，移栽行距离小麦 45 厘米。来年 5 月上旬左右油菜收获后连茬栽种 2 行棉花，行距 60 厘米，株距 22.5 厘米，种植行距离小麦 30 厘米。5 月下旬则在麦田的中间 7 行垄内点种 6 行花生，

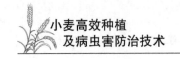

花生行距与小麦相同，株距为 26 厘米。

以此种模式进行间作套种，需在小麦播种前每亩施用优质有机肥 3000～4000 千克，加入过磷酸钙 50 千克、碳酸氢铵 75 千克、氯化钾 20 千克。移栽棉花时可结合棉花种植带翻地，施用棉花专用肥 30 千克。小麦收获之后，对棉花种植带可再追施专用肥 30 千克。

需注意的是，因油菜需要移栽，在 9 月中旬要适时育苗，之后在 10 月底或 11 月初进行移栽。灌溉和施肥需要根据不同作物的需求适时进行，同时要依据不同作物的常见病虫害进行及时防治。

2. 小麦、棉花、玉米间作套种

以上 3 种作物的间作套种模式下，需做 2.7 米畦，一侧做 40 厘米宽高畦埂，畦内宽 2.3 米，以 21 厘米行距种植 12 行小麦，在 10 月中旬适时播种。来年 4 月中上旬在小麦中间 8 行间以行距 63 厘米种植 3 行棉花，株距 16 厘米。5 月中下旬在畦埂上以行距 33 厘米种植 2 行玉米，株距 24 厘米。

在小麦播种前需每亩施用 5000 千克有机肥，加入磷肥 50 千克、尿素 50 千克、氯化钾 4 千克，以满足整个小麦生育期的营养需求。小麦收获后可结合灌溉对玉米和棉花施用 10 千克尿素进行追肥，进入 7 月可再追施尿素 30 千克或二胺 10 千克。同时需要注意在棉花和玉米进入生育后期后浇好棉花花铃水和玉米灌浆水，促进作物丰产。

此类间作套种模式中，小麦的拔节水恰好和棉花播种水重合，玉米播种水则和小麦的麦黄水重合，进行统一灌溉不仅可以满足小麦的生育需求，也能够为棉花种子发芽出苗提供足够水分，因高畦埂的侧渗水作用，同样可以满足玉米种子发芽出苗对水分的需求，可有效提高整体水分利用率。

3. 小麦、玉米、花生间作套种

以上 3 种作物的间作套种模式下，需做 2.2 米畦，其中做 1.8 米畦面，一侧做 40 厘米宽高畦埂，选择适时晚播的早熟品种冬小麦，以宽窄行播种，宽行距 24 厘米，窄行距 12 厘米。

玉米和花生在小麦灌浆期播种，通常选择 5 月中下旬左右，在麦田中以行距 36 厘米、株距 20 厘米播种 5 行花生，在畦埂上以 33 厘米行距播种 2 行玉米。播种之后浇小麦灌浆水，玉米和花生同时生长，花生可减轻玉米螟危害。

4. 小麦、向日葵间作套种

以上两种作物的间作套种模式下，需做 1.24 米畦，其中做 84 厘米畦面，一侧做 40 厘米宽高畦埂预留。冬小麦播种前施足基肥，可每亩施用 4000 千克有机肥，加入氮肥 20 千克、磷肥 50 千克、钾肥 20 千克，以 21 厘米行距在畦面播种 5 行，适宜选用适时晚播的早熟品种。

向日葵可在来年小麦灌浆期播种，通常选择 5 月中下旬左右，在畦埂之上播种 2 行，行距可根据土壤肥力确定，若土壤肥力较高则适当稀疏，若土壤较为贫瘠则需要适当密播。通常选用油质较高且出油率高的优良品种，在浇灌小麦灌浆水时进行播种。当向日葵苗长出 4～5 片真叶时进行定苗，可选用两行交错定株的方式留苗，便于向日葵通风采光。

（三）小麦与蔬菜作物间作套种

在麦田间实行小麦与蔬菜作物间作套种能够实现粮菜双丰收，且能够更充分地利用田地。

1. 小麦、菠菜、马铃薯间作套种

以上 3 种作物的间作套种模式下，需做 1 米畦，一侧 60 厘米以行距 10 厘米播种 6 行冬小麦，另一侧 40 厘米在小麦播种后开沟撒播菠菜，种子深度 2 厘米，每亩约用菠菜种 2～3 千克，播种后耙平土壤表层。

冬小麦在 10 月中上旬适期播种，菠菜在 11 月下旬小雪前后进行收获，通常此时土壤夜冻日融，可用铁锨带菠菜根铲下后储藏，视市场情况适时上市。来年 3 月初，在种植菠菜之后的畦面，当土壤耕作层 10 厘米左右地温上升到 7～8℃时播种马铃薯，以行距 20 厘米播种 2 行，株距 15 厘米，可采用破膜坐水播种。通常在 6 月初马铃薯即可收获，与小麦收获期相近。

2. 小麦、菠菜、西瓜、玉米、大白菜间作套种

以上多种作物的间作套种模式下，需做 1.8 米畦，其中 1 米畦以行距 20 厘米适时播种冬小麦 6 行，通常在 10 月中上旬播种，另外 80 厘米畦预留，来年 4 月下旬在预留畦两侧分别做 14 厘米畦埂，中部撒播催芽后的菠菜种子，可采用干畦播种，5 月底或 6 月初收获菠菜，同时小麦进入收获期。

收获菠菜后在小畦中间处种一行西瓜，株距 30～33 厘米，要保证每亩成苗 1000 株。6 月下旬小麦收获整地后，大畦中种植 1 行玉米，株距 14 厘米，保证每亩成苗 2600 株。

8 月初西瓜拉秧之后整地并播种大白菜，大白菜需距离玉米 30 厘米，可在整个畦中以行距 60 厘米播种 3 行，株距 33 厘米，保证每亩成苗 3300 株。

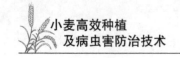

若土壤肥沃且灌溉条件好，光热也较为充足，在 9 月下旬或 10 月上旬可以继续在大白菜行间套种小麦，可在大白菜间以行距 20 厘米分别种植 3 行，整个畦中可种植 6 行。

多种作物的田间管理，可在冬小麦播种后进行，若土壤底墒较足，可直接到冬前进行冬灌。小麦越冬后播种完菠菜，需在菠菜出苗生长后浇一次返青水，待菠菜收获之后需进行整地施肥，可每亩施用有机肥（细肥，如豆粕）100 千克，加入磷酸二铵 20 千克和硫酸钾 10 千克，浇足底墒水之后，适墒播种西瓜。

西瓜坐瓜之后需要适当追施水肥，因结瓜过程中需较多水肥，所以可多次灌溉，可结合浇水每亩追施尿素 15 千克（两次追施）。在玉米抽穗期、扬花期及灌浆期，若土壤墒情不足需及时浇水。8 月初西瓜拉秧之后需及时整地并施用基肥，可每亩施用饼肥 100 千克，加入尿素 15 千克、磷酸二铵 10 千克，之后平整地面再播种大白菜。

第四节　不同类型麦田栽培技术

中国小麦播区跨度极大，气候条件的不同、土壤质地的不同等，造成了各种不同类型的麦田，同时随着种植手段的不断创新，也出现一些特定类型的麦田，如盐碱地麦田、污染区麦田、干旱地麦田、保护地麦田等，下面简单介绍以下 4 类特殊麦田的栽培技术。

一、旱地小麦栽培技术

中国有很多地区属于半干旱地区，通常年降水量仅 400 ～ 500 毫米，在这些半干旱地区中有些地区具备肥沃的土地，且光热资源充足，年温差较大，除了水分因素之外，其他元素都对小麦的生产十分有利，很多优良的旱地小麦品种的亩产量能够达到 500 千克，可见旱地小麦具有非常巨大的增产潜力。

（一）旱地小麦的生育特性

旱地小麦通常具有以下几个重要生育特性，可以针对这些生育特性采取特定的管理措施，从而实现旱地小麦的增产丰产。

其一是植株较矮，因其营养生长受到水分影响和限制，旱地小麦通常植株较为矮小，比正常条件的小麦矮 10 ~ 20 厘米，且叶片较为窄小，穗部性状较差，通常穗少且穗小。

其二是根冠比较大，根冠比就是作物地下部分与地上部分干重的比值，因为旱地麦田水分不足，旱地小麦为了吸收足够的水分，根系发育就会很好，即根系会向土壤深层分布，即使在小麦生育后期，土壤上层位置较为干燥缺水，但下层土壤含水量较高，也能够维系小麦生育后期的水分和养分运转。

其三是冬前群体较大，旱地小麦通常播种较早，播种时气温依旧较高，所以冬前的积温会很大，营养生长会较快较好，分蘖也多数发生在冬前，造就了旱地小麦单株分蘖较多，能够为后期单位面积的穗数打下基础。

其四是返青群体较大，冬后旱地小麦的春季分蘖发生和分蘖两极分化都较早，通常在起身期时分蘖数会大幅度下降，绝大多数都是冬前大蘖，所以在进入拔节期时小麦的分蘖大小非常整齐，没有田间郁蔽现象出现，对实现高穗数和穗粒数协调发展最终获得高产有利。

其五是绿色功能期较长，因旱地小麦整个生育期水分的供应都较低，所以根系更深更广，虽然前期叶片窄小，植株矮小且清秀，但进入生育后期后植株中上部的叶片能够维持更长久的青绿时间，对籽粒的灌浆、保持较大叶面积系数有促进作用，通常旱地小麦在灌浆期的叶面积系数能够保持在 4 以上，对提升籽粒干重和品质有巨大好处。

（二）旱地小麦丰产栽培

旱地小麦的丰产栽培技术体系主要围绕水出发，通常是从蓄水、保水、节水等层面着手，以实现水分的有效利用，促进旱地小麦的高产和丰产。综合而言，旱地小麦栽培技术体系主要有以下几项措施。

1. 蓄墒保墒

土壤通常具有很强的蓄水能力，旱地小麦的栽培首要目标就是要充分发挥土壤蓄水能力，来做到蓄墒保墒。

蓄墒的方式通常是适时进行深耕，通常需要在伏天和早秋进行，可在一定程度上纳雨蓄墒。深耕的深度一般以 20 ~ 22 厘米为适宜，有条件的地区可以加深到 25 ~ 28 厘米，若进行深松耕（不翻转土壤，只对深层土壤起到松动作

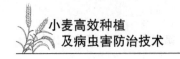

用），则可将深度加到 30 厘米，同一地块通常需要 2 ～ 3 年进行一次深耕以满足纳雨蓄墒的需求。

对于一年一作的旱地，可以在入伏之前进行深翻，之后要多进行耙地，并合口过伏，达到土壤内部舒张、外部紧合的结构最为适宜，既能够纳雨蓄墒，又能够避免地表径流造成水分流失。

对于一年两作的旱地，可以在小麦前茬作物播种之前进行深耕，若前茬作物未能达成深耕条件，则需要在收获之后提早深耕，并结合此次深耕将小麦所需基肥等一起施入，确保深耕后及时耱耱，促进保墒。

深耕蓄墒是为了逐渐纳入雨水来提高土壤墒情，在整年之中保墒技术对旱地而言也异常重要。保墒有两种方式，一种是耱耱保墒，一种是覆盖保墒。

耱耱保墒就是在小麦播种前，从立秋到秋播注意每次下雨后土壤表层出现花白时都要耱耱一次，破除表层板结促进纳雨。上茬作物收获后，小麦播种前和播种过程中，要不断进行耙压，耙地时要各种耙法交叉进行，如横耙、斜耙、顺耙等。

镇压主要有 4 次，播前镇压、播后镇压、冬前镇压、春季镇压。播前镇压就是播种之前若土壤墒情差就要镇压提墒，播种后镇压也是如此，视土壤墒情而定，目的是便于土壤墒情提升，促进种子发芽出苗和后期的安全越冬。冬前镇压通常在土壤开始出现冻结时进行，避免土壤墒情损失严重。春季镇压是为了在土壤解冻 3 ～ 4 厘米左右，夜冻日融时避免土壤水分快速下降。

覆盖保墒主要是全年在不同作物生育期内，通过秸秆覆盖的方式来提高雨水保蓄率和利用率，同时减少蒸发，促进土壤保墒保温。通常覆盖保墒技术有两类：一类是在夏季玉米生长到 1 米左右时，用铡成 5 厘米左右小段的小麦秸秆进行田间覆盖，每亩需覆盖麦秸 200 千克；另一类是小麦播种后出苗前，进行麦田秸秆覆盖，覆盖量以每亩覆盖 300 ～ 350 千克为宜，既能够减缓土壤温度变化，利于麦苗越冬，又能够减少蒸发，促进土壤保墒。

2. 以肥调水

旱地栽培除蓄墒保墒之外，还需要提高作物对水分的利用能力，最佳的做法就是以肥调水，通过有机肥来培养地力，通过改善土壤结构来提高作物对土壤水分的利用率。

旱地肥力一般比较低，营养比例甚至有些失调，因此需要通过有机肥和无机肥配合使用的方式来实现土壤的养分平衡。且旱地通常无法浇水，因此追肥的效果很差，所以施用的肥料不仅需要满足当季增产的需求，还需要满足土壤养分积累的需求。

一般情况下，可每亩施用有机肥 1000～1500 千克，加入尿素 10～15 千克、二胺 30 千克、硫酸钾 10 千克、硫酸锌 1 千克进行深施，且均采用一次性底施的措施，即要将所有肥料一次性施入。肥料施入深度要控制在 20 厘米以下，因为土壤 20 厘米以下水分含量较高，不仅有利于水肥同步，而且能够以肥调水，达到充分利用土壤水分的目的。

3. 选种与播种

旱地种植小麦必须选用抗旱节水特性突出、产量潜力大的旱地品种，另外，品种的株型要较为理想，应为可以高效利用自然资源的类型。且需要具备高抗逆性，尤其是抗倒春寒和抗热干风能力。

通常旱地小麦的品种性状是冬性、多穗型，冬前分蘖力强且春季分蘖两极分化快，成穗数多且根系发达，植株高约 80 厘米，叶片小且分布均匀，绿色功能期长，穗的大小较为适中，花多且籽粒饱满度好，通常冬前生长发育较好，易成壮苗，春季起身晚所以生育中期生长稳健等。

旱地小麦的播种需要依墒进行，在墒情较好的年份，就可以适当扩大旱地小麦种植面积，播种时土壤底墒足指的是每亩土壤 1 米土层内含水量在 180 立方米以上。在墒情不好的年份，如含水量在 120 立方米以下，就需要增加抗旱措施，也可适当减少旱地小麦种植量。

因旱地小麦土壤较为干旱，所以生长发育较慢，可以适时采用早播的方式来增加冬前积温，形成壮苗并保证冬前分蘖数量。旱地小麦冬前积温比普通灌溉地小麦冬前积温高 50～100℃，达到 650～700℃，因此可适时早播 5～7 天。

4. 调控群体

旱地小麦群体的自动调节能力较差，因此调控群体的各种措施均需要通过播种进行，通常播种期的确定需要服从土壤墒情，需在适播期内力争早播，通常在播后 6 天出苗最适宜。

旱地小麦的播种形式主要是等行距播种，高产旱地需适当加宽行距以促进通风透光，一般行距为 20～22 厘米。总体播种量通常比普通灌溉地播种量少，亩播种量 9 千克左右即可，若在土壤欠墒年份需适当降低播种量，7～9 千克即可，若在足墒年份则可适当增加播种量，9～11 千克即可。

另外，旱地小麦的播种还需要分旱肥地和旱薄地。旱肥地属于高产旱田，达到亩产量 400 千克即为高产旱田，需确保亩基本苗在 18 万～20 万株，冬前亩茎数在 70 万～80 万根，穗数要达到 40 万个；亩产量在 150 千克左右的即为旱薄地，需适当降低播种量，亩基本苗在 16 万～18 万株即可，冬前保证亩茎数在 60 万～70 万根，穗数在 25 万～30 万个。

5. 旱地田间管理

旱地小麦没有足够的灌溉条件，因此田间管理以保墒防旱为主。

保墒的主要措施是，在雨后积极进行中耕划锄来保墒，播种后和早春表土干旱时及时镇压防旱。若在早春出现底肥不足的情况，则可以在垄背每亩追肥 10 千克，并及时耙地增强肥效；若生育后期出现脱肥，则以根外追肥为主，也可以借墒追肥。

抗旱主要采用化学技术，需要用到的药剂主要有抗蒸腾剂、保水剂等，通常有两种抗旱措施，一种是拌种，一种是叶面喷施。每 100 千克种子，可用保水剂 100 克加水 10 千克进行拌种，之后播种，或用黄腐酸 400 克加水 10 千克进行拌种，晾干后播种。另外，可以在拌种时加入微量元素肥，以促使小麦苗期生长健壮，提高抗旱能力。叶面喷施主要是在小麦拔节期和灌浆期进行药剂的叶面喷施，可每亩用黄腐酸 50 克加水 2.5～10 千克，分两次进行叶面喷施，这样可有效减小叶面蒸腾强度，提高植株的抗旱能力。

二、污染区小麦栽培技术

污染区主要指的是土壤已经被污染，或整片区域水资源污染严重，致使田地自身被污染或灌溉水有污染的地区。水资源污染容易导致含有丰富氮磷肥源的污水的出现，使用污水灌溉麦田时若管理不慎就容易造成麦田污染和小麦产品污染。另外比较严重的就是重金属污染，土壤中重金属含量较高，很容易造成小麦籽粒重金属积累较高，从而对人类健康产生风险。

（一）水污染区小麦栽培

在水污染区内进行小麦栽培，在整地过程中就需要合理制定沟畦规格，实行节水灌溉措施并在灌水后晒垡，要避免大水漫灌，以防止污水对土壤进一步形成污染。

因为水污染区的污水含有非常丰富的氮磷，所以在整地施用基肥时可以减少氮磷肥源，以补充钾肥实现土壤营养均衡为核心施肥原则。可以每亩麦田施用有机肥 3000 ～ 4000 千克、钾肥 15 ～ 20 千克。需选用抗污能力强、抗旱性强、抗病虫害的优良品种，这可在一定程度上减少整个生育期化肥和化学药剂的施用，避免小麦被污染。

在水污染区进行小麦种植最主要的技术就是污水灌溉管控，小麦对水肥的需求量较大，因此需要管控好污水和清水的交替灌溉，从而实现土壤中的营养均衡。

1. 小麦生育前期管理

为确保小麦安全越冬需要灌冻水，在灌溉之后就需要及时进行划锄，以破除土壤裂缝来促使水分中有毒有害的物质尽快分解，减少污染物质在土壤中的留存时间，避免有害物质在小麦植株内积累。

2. 小麦生育中期管理

污水本身就具有较多的营养物质，所以整个小麦生育期的污水灌溉和化肥追施就需要做到有效控制。例如，越冬后要延迟春季第一水的浇灌时间，并减少各种化肥的追施，最好将春季第一水延迟到拔节期。当然，具体灌溉时间需视苗情而定。

对于麦田间的杂草，要尽量避免化学除草剂的应用，需结合划锄进行杂草清除，以便减少各种药剂对小麦的污染。对于小麦返青之后的第一水，因此时麦苗较弱小，抗污能力较差，所以应尽量使用清水灌溉，避免对苗期生长造成不利影响。

小麦进入拔节期后，可视苗情进行灌水，当平均气温稳定在 10℃以上后，若土壤肥力较高，苗情属壮苗，可以在春季灌溉含氮磷的污水，但需要控制好灌溉量，每亩灌溉 60 ～ 80 立方米为最佳，同时不需追施氮磷化肥。

进入孕穗期之后，小麦对水分和养分的吸收加快，此时一定要禁止污水灌溉，可采用地下水或清水灌溉，避免污水中的污染物对小麦籽粒产生影响，这样可有效提高后期小麦籽粒的品质。

3. 小麦生育后期管理

进入小麦生育后期，绝大多数营养物质开始向麦穗转移，因此整个生育后期都需要严格按照清污灌溉配额进行合理灌溉，在收获之前 15 ～ 20 天内要严禁污水灌溉，避免污染物在籽粒中积累。

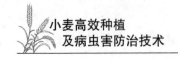

（二）重金属污染区小麦栽培

在重金属污染区进行小麦栽培，主要有两种措施来降低小麦籽粒中重金属的含量。

一种是通过重金属土壤修复技术进行土壤改良，其具有成本较低且易实施、不会对土壤带来二次污染、对土壤生态环境影响较小等特征。如今使用较多的是石灰性物质，也被称为土壤改良剂。石灰性物质通常是通过改变土壤自身的 pH 值，以使土壤中的重金属发生沉淀、吸附和络合等化学反应，从而稳定土壤中的重金属离子。

比较常用的是磷酸盐改良剂和膨润土改良剂。磷酸盐改良剂能够改变重金属形态，从而有效降低对生物产生毒性的有效态重金属含量；膨润土改良剂则具备表面积大、吸附能力强的特性，具有良好的阳离子交换能力，可以有效吸附和固化土壤中的重金属离子，从而促进土壤改良。

另外一种则是对作物的叶面进行有效处理，以达到阻隔和抑制重金属积累的目的。一般是通过对叶面喷施阻隔剂，来提高叶片中叶绿素的含量，从而调节作物自身各种酶的活性，最终提高作物对重金属的抗性；或者通过不同重金属的竞争关系，来有效减少重金属在作物中的积累。例如，通过对小麦拔节期的叶面喷施硅，其籽粒之中镉、砷、铅离子的含量有效得到了减少；对小麦幼苗叶面喷施镁或锰，可以有效降低小麦植株中镉的含量；对小麦叶面喷施锌，能够抑制籽粒中砷的积累等。[①]

因此，在重金属污染区进行小麦种植，需要在土壤改良的基础之上，进行有针对性的叶面阻隔剂喷施，以确保籽粒中重金属含量不会积累。当然，以上两种措施依旧处于试验和研究阶段，要完全实现重金属污染区大范围的小麦种植，还需要不断强化处理手段，科学降低土壤中重金属含量，辅以有效种植手段，才能确保小麦生产的优质保量。

三、盐碱地春小麦栽培技术

中国北方很多地方土壤偏盐碱地，种植小麦很容易出现出苗率低、产量差、品质不高等状况，因此，在盐碱地种植小麦需要有针对性地采用盐碱地栽培技术。

---

① 张语情．污染区小麦籽粒积累重金属特性研究［D］．郑州：河南工业大学，2020.

（一）播前准备

在盐碱地栽培小麦需要选用耐盐碱型小麦品种，并辅以对应的播前准备技术。在整地过程中需要采用小块做畦的方式，并配备好良好的灌溉设施及排水设施。为了防止灌溉后地面出现板结并反盐现象，可以整地后合墒再进行一次耕地，可以通过冬灌的形式保墒，在来年进行春小麦播种。在进行灌溉保墒时需严格控制水量，避免灌水过多而造成地下水位上升。

在进行冬前整地时，可同时施用基肥，以有机肥为主，同时在春小麦收获之后要及时进行绿肥强播，通常春小麦收获后可在 7 月中上旬播种绿肥作物，如油菜、草木樨等，到 9 月底或 10 月上旬收获，在收获后进行土壤翻压为下茬春小麦创造良好的土壤肥力。

（二）盐碱地小麦田间管理

春小麦播种处于春季气温上升阶段，此阶段盐碱地不容易进行保墒，因此在冬前就需将土壤进行整地，保持待播状态，播种时可尽量提早并采用适当浅播的方式，以便提高春小麦的播种质量。

盐碱地通常水分流失较为严重，所以比较容易出现土壤缺水的情况，因此种植小麦过程中，需要提前进行灌水，每次灌水都要尽量浇透来压盐碱，结合中耕避免地面板结，以防反盐之后出现黄苗。在小麦进入生育中后期后，要避免灌水过大产生涝害。

盐碱地的土壤肥力通常会比较薄弱，种植春小麦容易出现脱肥的现象，所以需要在一般种植春小麦的基肥和追肥基础上，加大肥料的投入量，一般所有阶段肥料投入需要提高 20%，可实行少量多次的追肥模式。小麦进入灌浆期后，为保证灌浆养分需求，可以适当采用叶面喷施的方式进行追肥，以避免结合浇水追肥产生大量肥力流失。

盐碱地所在地区通常会随着气温的不断升高而产生热干风，尤其是小麦生育中后期热干风的出现会更为严重，所以盐碱地小麦栽培管理时要注意防御热干风，除了选择耐旱、耐热干风的小麦品种外，还可以在种植过程中采取灌水防御的措施。可以针对天气情况在热干风来临之前及时进行灌水来提高田间湿度，这可以在一定程度上减少热干风对小麦的影响。

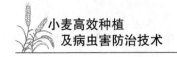

四、保护地小麦栽培技术

保护地小麦栽培能够更好地保墒保温，和露地小麦栽培相比更易进行精细化管理。通常其整个生育期的种植手段和露地小麦栽培区别并不太大，只是一些细节方面有所不同。

（一）选种和播种

保护地小麦的选种主要以增产潜力大的优良品种为方向，要尽量选择抗逆性强、中矮秆的品种。

播种时间方面，以春小麦为例，保护地通常要比露地播种的时间提前5～10天，以便春小麦能够拥有更长的生育期，从而获得更高的产量。播种的量方面则可以对应比露地播种减少10%左右，因保护地主要采用覆膜方式种植，所以种子发芽出苗的优势更加明显，出苗率较高且易壮苗，因此相对播种量可适量减少。

（二）覆膜和播后管理

保护地小麦的种植和露地最大的不同就是保护地需要覆膜，通常覆膜的时间依土壤墒情来确定。若土壤墒情较好又恰逢春小麦适播期，即可以及时覆膜进行播种；若土壤墒情较差，年气候又较为干旱，则可以提前进行覆膜保墒，到播种适宜时期再进行播种；若土壤湿度过大，则需要经过翻地晾晒，待土壤墒情下降到较为适宜播种的时候再进行覆膜播种。

保护地覆膜的方法，需要视土壤性状和种植模式进行适当调整。例如，旱地种植过程中，需要做到尽可能对土壤保墒，所以通常会选用较宽的地膜，宽度可达到90厘米；而对于土壤墒情较好且降水或灌溉条件较佳的麦田，若选用条播则可以使用35～40厘米宽度的地膜，若选用穴播则需要根据穴播具体情况选择不同类型的地膜。

播种之后需要及时检查小麦的出苗情况，然后根据幼苗的生长情况在无风的天气及时放苗。同时，若发现有漏种或缺苗现象，需要及时进行补苗，补苗时需选用播种时的同品种种子并对其进行浸泡、催芽等，以加快出苗和生长速度，达到齐苗的效果。

总体而言，地膜的选择可以根据当地实际情况进行适当的调整，进行覆膜的最大目标就是起到土壤保墒的作用，因此可以有针对性地选用最适宜的覆膜方法。

保护地小麦的栽培需要加强田间管理，尤其是病虫害防治管理和除草管理，其中，病虫害防治的关键在于抗病害品种的选择和药剂拌种。例如，发生小麦锈病、黄矮病、黑穗病等时，均可以选择对应抗病性强的品种，也可以在播种前用对应的药剂进行拌种。预防小麦锈病可以每100千克种子用20%可湿性粉锈宁粉剂10千克进行拌种；预防小麦蚜虫、地下害虫等，可以在播种前进行对应药剂拌种，预防地下害虫可使用75%辛硫磷100克，加水10千克拌种100千克，之后堆闷4小时再播种。

除草管理主要是在杂草开始生长的阶段及时进行药剂防治，可喷施苯磺隆溶液进行除草，也可每亩喷施50克2，4-D丁酯，以达到除草的目的。若出现对应病虫害，则需要及时进行控制和防治。

（三）小麦黑色全膜垄作穴播栽培技术

小麦黑色全膜垄作穴播栽培技术，就是在整地起垄之后，将土地全部用黑色地膜进行覆盖，之后在垄上进行穴播的栽培技术。一方面能够有效解决膜下茎出现和杂草危害等问题；另一方面能够实现雨水高效积蓄利用，且免放苗。

此穴播栽培技术可以采用小垄单行播种，也可以采用宽垄双行播种，单行播种比较适宜人工覆膜和种植，而双行播种则比较适宜机械作业，可视当地情况进行合适的选择。

用黑色全膜垄作穴播的方式栽培小麦，可在垄沟内覆土以便将覆膜压实，同时打上渗水孔来增加集雨效果，起到保墒增温的作用。另外，打渗水孔还可以令播种位置得到充分暴露，从而在小麦出苗后运用其向光性使其自然出膜，能够减少膜下茎的出现，黑色覆膜还能够有效减轻膜下杂草的危害。[①]

这种覆膜栽培模式可以促进幼苗在膜下出现分蘖，从而使其生长得更加迅速且更易形成壮蘖，提高小麦的成穗率。通常这种黑色地膜可以周年覆盖，即小麦收获后不论是休闲还是复种其他作物，都可保持地膜原状，以便实现土壤

---

① 温健，郭振斌，郭天玲，等．全膜覆土穴播对冬小麦旗叶光合和抗氧化酶活性的影响［J］．西北农业学报，2015，24（8）：31-36.

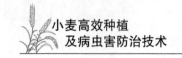

保墒的作用。例如，可以在垄沟内复种油菜、绿肥作物等，在下季小麦播种整地之前，可将旧膜撤去，再进行整地施用基肥，起垄后覆盖上新的黑色地膜，实现周年覆盖。

第五节　冬小麦"四统一"栽培技术

传统小麦高效高产栽培通常是以满足小麦整个生育期的水肥需求为核心，最终实现小麦的高产和丰产，因此就出现了小麦生育期灌水量过大、肥料施用量较大的现象。

例如，整个生育期灌水达 4～6 次，灌水量超过 300 毫米乃至 400 毫米，虽然随着水资源的减少和节水技术的发展，小麦灌水量逐渐得到了减少，但依旧能够达到灌水量 200 毫米以上，水分利用率一直没有得到显著提高。

又如，肥料应用方面，高产麦田每年施用氮肥量一直居高不下，尤其是化肥的施用量一直很高，平均能够达到亩投入量 20～40 千克，但如此高的氮肥施入的综合利用率，仅有 30% 左右，很容易造成氮肥大量溢出或损失，不仅会提高投入成本，还会导致环境的污染，尤其是渗透作用造成的地下水硝酸盐污染。

在这样的背景之下，冬小麦"四统一"栽培技术被提出并开始推广，"四统一"栽培技术就是实现节水、省肥、高产和简化栽培 4 项内容相统一的技术体系，其中节水是前提、省肥是重点、简化为方向、高产为主导，对推动小麦高效高产和可持续安全生产具有至关重要的意义。

一、"四统一"栽培体系的技术原理

"四统一"栽培体系主要是为了改变传统小麦种植过程中高投入方能高产出的观念，确立适度低投入保持高产出的新观念，并通过系统的思想，统筹考虑整个作物栽培周年中光能、热能、水资源和肥力资源的优化配置，通过调整 5 项结构，发挥 5 项功能，最终得以实现"四统一"的目标。[1]

---

① 王志敏，王璞，李绪厚，等.冬小麦"四统一"技术体系：节水、省肥、高产、简化栽培[C]//中国作物学会栽培研究委员会小麦学组.全国小麦栽培科学学术研讨会论文集.北京：中国作物学会，2006：10.

（一）调整耗水结构

调整耗水结构最终的目的是实现高效利用土壤水分从而减少灌溉水，同时通过耗水结构的调整来减少氮素的损失，有效提高氮素的利用率。可以从两个角度来进行调整。

1. 发挥 2 米土体的水库功能

2 米土体是小麦根系的主要分布区域，且 2 米的土层还是庞大的地下水库，有效贮水量能够达到近 500 毫米，若能够充分利用该层次土壤中的贮水，就能够有效减少灌溉水，从而达到节水效果。

麦田的综合耗水，主要由 3 个部分组成。其一是自然降水，即栽培周年中的总降雨、降雪等；其二是灌溉水，即栽培周年中灌溉到田中的水；其三是土壤水，也就是上面提到的土壤贮水。

小麦整个生育期中消耗的水分，以灌溉水和土壤水为主，自然降水在一定程度上会转变为土壤水。小麦消耗的灌溉水越多，那么消耗的土壤水就会越少，若能够提高小麦消耗土壤水的比例，自然就能够实现减少灌溉水的目标。因此，小麦总耗水量与灌溉水量成正比，灌溉水量越大，总耗水量就会越大。

因此，小麦种植过程中要做到节水，就需要充分发挥出土壤水的巨大功效，土壤水属于高效水，只要提高土壤水的利用率，自然就能够减少灌溉水，从而降低小麦整个生育期的总耗水量。

同时，提高土壤水的利用率，还可以起到土壤贮水和自然降水相协调的作用。例如，通过传统栽培技术种植小麦，土壤水的消耗量仅占据小麦生育期中总耗水量的 30%，不仅总耗水量大，而且土壤水无法得到充分利用，在汛期土壤将无法贮存更多的降水，很容易造成自然降水的巨大损失。

2. 创造土壤上层的亏缺水分环境

土壤中的氮素及施入土壤的氮素化肥，通常存在 3 种损失途径，分别是淋洗、氨挥发和反硝化。这 3 种氮素损失都与土壤水分有巨大关系，体现出土壤上层水分越多氮素损失也越多的关系。因此，可以通过创造土壤上层的亏缺水分环境来减少氮素的损失，提高氮素的利用效率，达到省肥目标。

（1）减少氮素淋洗损失

冬小麦的整个生育期中，通常降水量较少，因此导致土壤氮素淋洗损失的

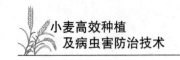

主要原因就是灌溉水，尤其是过量灌水最容易造成氮素大量损失。采用节水灌溉，充分发挥土壤水库作用，能够有效防止氮素被大量水分淋洗从而向土壤深层渗透。

同时，节水灌溉可以保证小麦收获之后土壤上层较为干旱，而气候恰逢进入雨季，从而土壤水库能够更多地接纳和贮存汛期降水，一来能够实现充分利用水资源的目标，二来也能够避免下层的硝态氮被大水淋洗向 2 米以下土体渗透造成损失。

（2）减少氨挥发损失

小麦种植过程中采用节水灌溉，就无法进行浇水结合氮素追肥，因此氮肥会在整地施用基肥时一次性深施。这种一次性深施的模式能够减少氮肥在土壤表面滞留的机会，从而可以大幅降低表面氮肥的氨挥发，能够明显降低氨挥发造成的氮肥损失。另外，节水灌溉会使小麦植株的叶片面积较小，也能够在一定程度上降低叶面氨释放造成的氮肥损失。

（3）减弱反硝化损失

反硝化也被称为脱氮作用，是反硝化细菌在缺氧条件下，将硝酸盐进行还原释放氮气或一氧化二氮的过程，会大幅降低土壤中氮素含量，从而造成氮素损失。

影响反硝化速率的因素包括水分、温度和硝酸盐含量等，在早春时节气温开始上升，温度的提高会一直持续到小麦收获阶段。在地温较高的情况下，节水栽培能够促使土壤上层处于干旱状态，从而可以很好地抑制反硝化细菌的活力，最终减弱反硝化速率，减少反硝化造成的氮素损失。

另外，在小麦整个生育期中，进行两次灌溉通常就能够满足高产小麦对水分的需求，若在此基础上加强灌水不仅不会产生明显的增产作用，而且会增大小麦植株对氮素的吸收量，容易导致后期氮素降低，使氮素生理效率大幅下降。

节水灌溉下，小麦生育后期土壤上层会存在水分亏缺，这会很大程度上促使营养器官的物质转移，可有效减弱氮素在营养器官中的滞留，提高氮素生理有效性，最终实现更大的肥效。土壤中氮素有效性提高，自然就可以降低氮肥的施用量，从而起到省肥效果，同时施肥量的减少，又减少了土壤中氮素的损失，提高了土壤水分的利用率。

（二）调整施肥结构

传统小麦栽培过程中，灌溉制度不仅造成了灌水次数过多且灌水量偏大的问题，而且也使氮肥施用量过大，造成氮素损失严重的问题。因此"四统一"栽培体系需要调整施肥结构，实行合理配肥的方式，将所有的肥料一次性深施，充分发挥基肥深施、肥效长久的作用，既能进一步改善土壤结构，又能提高氮素利用率，还可以减少追肥，简化田间管理。

高效节水省肥的施肥结构需要遵循全部肥料基施、有机无机结合、限氮稳磷补钾的原则。

通常情况下，传统小麦种植在高产麦田需要每亩施用优质有机肥1500～2000千克，高效节水省肥的施肥结构下，优质有机肥施用量需要提高到3000千克以上，只有这样才能全年满足作物对各种养分的基本需求。同时，施用有机肥的过程中，可以添加适量氮肥，但需要限制无机氮肥的量，中等地力以上的麦田最佳施氮量是10千克左右，再多的氮肥不仅无法增加产量，还可能会造成小麦减产。

经研究发现，通过调整耗水结构，在采用节水灌溉（仅春季浇两水）的条件下，每亩麦田在有机肥深施和所有肥料全部基施的基础上，加入无机氮肥10千克能够促使氮素总利用率（小麦作物和玉米作物两茬连作模式）提升到50%，比普通的利用率仅30%的数据提升明显，对应的则是氮素损失率大幅降低（表5-1）。

表5-1　不同灌溉制度和基施模式下氮肥利用率及损失率比较 [1]

指标	拔节与开花浇两水		全生育期浇四水	
	全部基施	基施与追肥	全部基施	基施与追肥
氮肥施肥制度 /（千克 / 亩）	9.6	5.0+4.6	9.6	5.0+4.6
氮素总吸收率	12.20%	11.80%	12.27%	11.93%
氮肥吸收量 / 千克	3.33	2.82	2.78	2.69

① 王志敏，王璞，李绪厚，等 . 冬小麦"四统一"技术体系：节水、省肥、高产、简化栽培［C］// 中国作物学会栽培研究委员会小麦学组 . 全国小麦栽培科学学术研讨会论文集 . 北京：中国作物学会，2006：10.

指标	拔节与开花浇两水		全生育期浇四水	
	全部基施	基施与追肥	全部基施	基施与追肥
氮肥利用率（仅小麦）	34.70%	29.40%	28.90%	27.90%
土壤氮肥残留	41.32%	37.53%	36.87%	29.65%
氮肥损失率	23.95%	33.12%	34.17%	42.36%

稳磷补钾则是在节水栽培技术条件下，保证施用磷肥的量和传统栽培体系中加入磷肥的量持平即可，每亩可在有机肥中加入 7 ~ 10 千克磷肥，这就能够满足作物对磷素的需求，再提高磷肥的施用量并不会提高作物的产量。但大部分高产麦田土壤中钾素含量偏低，因此节水栽培技术条件下需适量增加钾肥的施用量。

常规的小麦高产栽培多数强调适时早播，这样能够促使小麦冬前形成壮苗，生长量较大，冬灌之后来年土壤墒情高且苗情好，但这样的栽培模式也易造成养分的无效消耗较多，尤其是返青期之前麦苗对土壤中养分的吸收量巨大，基肥中氮素的利用率也较低，往往基肥中的氮素有效期仅能持续到药隔期，为了保证产量就必须在后期进行追肥。

而采用节水栽培技术，通过将全部肥料基施和深施，并适当进行晚播，令麦苗在冬前仅长出 2.5 ~ 4.5 片叶，不仅可以促使麦苗越冬时枯叶率降低，且若采用足墒播种，可在越冬时在表层暄土覆盖，既可以减少土壤养分损耗，也能够促使不进行冬灌麦苗同样安全越冬，而且可以促使麦苗根系深扎，土壤基肥可以得到更大化利用。

节水栽培、基肥深施的条件下，基肥的有效期能够延长到灌浆期之后，因为麦苗的根系深扎，所以后期土壤深层养分就会成为麦苗营养供给的主要源头。同时也有效简化了田间管理，提高了相对劳动生产率。

（三）调整根群结构

调整根群结构是为了合理化作物的根系布局，充分发挥小麦初生根（即深扎根）的持续吸收养分的能力，通过扩大初生根群来促进根系对土壤下层中水分和养分的利用，提高作物种植周年中土壤水分和肥料的利用效率。

普通的高产小麦栽培依靠的是催生植株产生强大次生根群，促进分蘖成穗，从而最终达到高产的目的。但次生根群普遍扎根较浅，难以适应小麦生育后期易出现的干旱环境。

节水栽培条件下，土壤 0 ～ 60 厘米土层中的水分含量会出现亏缺，因此为了维系后期小麦营养生长和生殖生长的水分和养分供给，就需要将土壤深层水肥利用起来，这就需要有效调整作物的根群结构，即扩大深层根群。综合而言，有两种调整作物根群结构的手段。

1. 综合作物系统模式

综合作物系统模式就是将冬小麦和夏玉米看作统一作物系统来考虑土壤水分及养分的利用。

夏玉米通常是在小麦收获之后播种，主要生长发育期处于高温、多雨的季节，其植株根系特性是分布较浅，最大和最深的根系仅有 1.2 米左右，九成以上根系会分布在土壤 0 ～ 60 厘米土层。

另外，因夏玉米生长发育期高温多雨，所以土壤之中氮素释放较快，尤其是在玉米的生长前期和中期，土壤中有效氮和肥料氮很容易随雨水淋溶到玉米根系之下的土壤深层，进入生长后期后因为玉米的根系吸收能力减弱，就造成了土壤深层会大量滞留矿化氮。

玉米收获之后种植冬小麦时，若运用充分灌溉的栽培模式，大量的灌溉水会将原本滞留在土壤深层的氮素淋洗到 2 米土体之下，从而造成大量氮素流失。若在小麦生育期大量灌溉，又会造成大量氮素未被充分利用，小麦收获之后土壤水库未能腾空，就无法容纳玉米生育期易出现的汛期降水，使得原本滞留在 2 米土体之中的有效氮素再一次被淋洗到 2 米土体之下，再一次造成氮素浪费。

节水栽培条件下，减少氮肥施用量能够促进小麦生育前期初生根和一部分伸长次生根的深扎，令小麦有更多的根系深入土壤 1 米土层之下，有利于对深层土壤养分的利用，从而发挥出深扎根系的养分泵作用，将土壤深层滞留的各种养分，尤其是氮素抽吸利用。减少灌溉水的应用，还可以促使小麦收获后腾空土壤水库，使其更易容纳玉米生育期易出现的汛期降雨，能够促使土壤更好地截留玉米生育期未被充分利用的氮素。

也就是说，在节水栽培条件下，冬小麦和夏玉米两茬作物的统一栽培体系，可以将玉米生育期未被利用的养分充分挖掘出来为冬小麦所用，也能够将伏天降

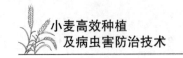

雨储存在土壤水库中供给冬小麦使用，最终构成动态的节水省肥栽培体系。

2.扩大下层根系数量

初生根是小麦出生最早且入土最深的根系，通常能够延伸到土壤2米以下，因此增加小麦初生根数量，就是扩大土壤下层根系数量的主要方向。

扩大小麦下层根系数量主要有3项措施：一项是增加播种密度，以此来提高小麦根群之中初生根的比例，达成增加下层根系数量的目标；另一项是选用单株初生根数目较多的品种，有些品种初生根为3条，而有些品种初生根为6条，两者之间的差距为一倍，其生育期初生根对深层土壤中水分和养分的吸收就会差别巨大；还有一项是通过有效控制土壤中水分含量（尤其是拔节期前），促进小麦初生根下扎深扎，提高土壤下层根系的吸收能力。

通常大粒种子具有较多的初生根，同时大粒种子中还有些品种能够产生较多的初生根，在田间采用节水栽培、生育后期高温干旱条件下，依旧能够维持较高产量的主要有石家庄8号、76–2、93–9等小麦品种。

选用具有较多初生根的小麦品种，结合适当增加播种密度的措施，再结合拔节期之前的节水栽培，可以促使小麦群体形成数量较多且深扎到土壤深层的初生根群，最终充分发挥出初生根养分泵的作用。

（四）调整冠层结构

小麦的冠层结构指的就是小麦冠层的叶片、穗、茎、鞘等器官的构成。合理的冠层结构，有助于作物生殖生长期的养分积累和光合产物积累，能够提高作物的光合效率等。

1.调整冠层结构的渊源

通常在研究小麦光合结构时，都倾向于将研究重点集中在叶片上，即将小麦叶片的数量、空间分布、叶片大小等作为判断冠层结构是否合理的主要因素，而且对于理想的冠层结构也分出了两种不同观点。

一种认为上层叶片小、叶片偏直立的株型，更有利于群体受光，能够提高群体冠层结构的协调性，改善植株下层的光合情况，增加光合产物和养分积累；另一种认为上层叶片大、受光面积更大的株型，更有利于加大光合叶面积，最终促进穗重和粒重增加，提高产量。

综合下来，现行的高产小麦栽培体系强调的是建立群体较小、个体较大、叶面受光面积更大的模式，从而依靠早播、水肥大量供应促进植株个体发育，以增加植株上部叶片面积来换取高产量。虽然这种栽培模式能够有效提高产量，但也造成了大量水肥的消耗和浪费，同时当生育后期遭遇高温干旱时，叶片受到的影响最为巨大，也就容易对最终产量造成巨大影响。

这些观点都没有将小麦植株的非叶片器官的光合效用考虑在内，即小麦穗的各部分、叶鞘及节间，其中穗包括颖片、果皮、穗芒等。这些非叶器官的外形均类似圆柱体，在冠层中呈现出直立分布状，尤其是旗叶节上的部分，包括穗、旗叶鞘、穗下节间等，均处于植株冠层最顶端，圆柱状的形态能够使其充分截获一日之中各个时段的太阳光辐射，同时因其处在植株冠层顶部，所以可以获取较高浓度且处于流动状态的二氧化碳。

这些非叶器官并非认知之中最主要的发挥光合作用的器官，但它们不仅具有很强的空间优势，而且具有明显的光合生理优势，其光合作用的速率和效果均不弱于叶片，对小麦的产量具有极大的贡献。

例如，小麦的旗叶鞘和穗下节间的光合作用速率和叶片相差无几，穗芒的叶绿素含量和叶绿体结构也和叶片类似。在高温干旱的条件下，非叶器官的光合作用效率下降幅度要远远低于叶片，能够充分发挥出自身的光合作用能力，为高产做出更大贡献。

在节水栽培条件下，小麦群体的单茎叶面积会偏小，但非叶器官的绿色面积会较大，甚至开花后非叶器官的绿色面积会大于叶面积，随着后期灌水量的减少，非叶器官的绿色面积比例会不断增加，灌浆后期叶片开始衰亡变黄，无法再进行光合作用，此时非叶器官依旧可以维持较大的绿色面积，从而可以为籽粒干重积累创造优势条件。

另外，穗的光合作用对粒重增加做出的贡献，甚至比旗叶叶片更大，在节水栽培条件下，穗下节间、旗叶鞘的光合作用对粒重增加的贡献率和旗叶相当，从旗叶和其上部所有器官光合作用对粒重增加的贡献率来看，非叶器官的贡献率能够达到70%～80%，旗叶仅占20%～30%，尤其是随着灌水量的减少，非叶器官的贡献率还会更大。

2. 节水省肥高产栽培的冠层结构

在节水栽培条件下，小麦灌浆后期非叶器官对籽粒干重的影响非常明显，而且非叶器官具有水量不足条件下依旧拥有很高光合潜力的优势，即具有很强的光合抗逆机能。所以，节水栽培时可以通过有效控制叶片面积、提高叶片质量、增加植株密度来提高群体非叶器官比例，增大穗器官和叶片的比值，最终

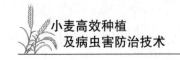

发挥出非叶器官抗旱节水作用和高光合潜力，为小麦的高产打下基础。

综合以上特征，节水省肥高产栽培条件下追求合理冠层结构时品种的选择可以遵循以下指标：首先，小麦植株属于小叶型，旗叶长度在 12 ～ 16 厘米即可（普通品种旗叶长度 16 ～ 24 厘米），叶片质量高；其次，小麦成穗量较大，分蘖能力强，小穗的层次整齐、饱满、紧凑；最后，生育后期上位三叶的叶面积系数在 3.5 ～ 4.0 即可，旗叶上部非叶器官的光合面积系数要在 4.5 ～ 5.0，这样可以充分发挥非叶器官的光合潜力。

（五）调整产量结构

现行的实现小麦高产的模式是：充分发挥冬前分蘖能力，冬后加速分蘖两极分化促成大蘖生成，从而达成高穗数；之后满足小麦生育中期营养生长和生殖生长的总体水肥需求，促进植株健壮，满足上部绿色功能区的发育需求，同时促进大穗产生更多小花形成更多有效小穗；最终在灌浆期满足水肥需求，促成小穗发育为大籽粒，提高籽粒干重，从而实现高产丰产。

在节水栽培条件下，就需要适当调整提高产量的结构，其中增加穗数的有效做法和途径是提高基本苗数，通过扩大小麦群体数量来满足穗数的增加。高群体数量下，通常穗粒数（有效小穗数）很难增长，因此节水栽培条件下应该力求稳定穗粒数，充分发挥出群体结构的增产潜力。例如，提高旗叶以上非叶器官的光合面积。

另外，提高产量的重要措施是提高粒重，但节水栽培条件下，小麦生育后期会受到高温和干旱影响，对粒重提高不利。基于此，就需要充分利用小麦从起身期到开花期的有利环境条件，进一步促进开花前养分的生产与贮藏，以便补偿后期光合生产能力的不足，还有就是要充分发挥非叶器官强光合抗逆能力。

要促进小麦开花前养分的生产与贮藏，就需要减少养分的无效消耗，比较适宜的管控手段是控制好植株的无效分蘖产生、减少植株冬前的生长量（叶数压低到2.5 ～ 4.5片）、减小植株单株叶面积，综合管控才能够实现最终的高产。

分析小麦不同生育时期对产量的影响，会发现播种后到拔节期是小麦穗数增长的重要时期；拔节期到孕穗期是防止穗数减少的时期，同时也是积极增加穗粒数的时期；孕穗期到籽粒形成是防止穗粒数减少的时期，其中开花期到籽粒形成之间是提高粒重的时期；之后的灌浆期到成熟期，则是避免粒重减小的时期。

以上几个时期中，穗粒数对土壤水分亏缺的反应最敏感，即土壤 $0 \sim 40$ 厘米土层水分亏缺后，穗粒数最容易被影响；粒重对土壤水分亏缺的反应则次之；在节水栽培条件下，穗数是通过增加基本苗数来控制的，所以对水分亏缺的反应并不敏感。对穗粒数影响最大的时期是拔节期到孕穗期；对粒重影响最大的时期是开花期到籽粒形成。

针对以上的分析，节水省肥栽培条件下，可以在拔节期和开花期进行两次必要的灌水，以谋求实现最大的产量。也就是说，在拔节期和开花期需要进行两次灌水，以便达成稳定穗粒数、提高粒重的效果。而在其他时期土壤水分亏缺对植株产生的影响，则需要通过技术措施和充分发挥植株自身调节能力来减弱。

例如，可以通过适当晚播提高播种量来增加基本苗数，从而增加穗数；可以通过将所有肥料基施深施来增加小麦生育前期的土壤养分，从而增强植株的前期长势，为形成壮苗和健康植株打下基础；可以通过选择初生根数量多的小叶型小麦品种，结合拔节前的控水管理来实现降低单茎叶面积、促进初生根深扎、扩大群体穗叶比的目的，为后续发挥非叶器官高光合潜力打下基础；还可以通过关键的拔节期和开花期的补充灌溉，对穗粒数进行稳定。以上众多技术措施的综合管理能够调整小麦的产量结构，促进节水省肥条件下高产丰产目标的实现。

二、"四统一"栽培关键技术

"四统一"栽培关键技术概括起来一共是 8 个字，分别是土、肥、墒、种、密、质、水和暄。

（一）土

土指的是要选好土壤，确定地力。综合土壤质地而言，节水栽培最适宜的土壤是沙壤土、轻壤土和中壤土，砂土和黏土均不适宜，砂土保墒保肥性过差，黏土则透气性和渗透性过差。在土壤的地力方面则要求中等或中等偏上，地力过低节水省肥栽培效果不佳，地力过高则不易控苗。

（二）肥

节水省肥栽培需要遵循前面提到的全部肥料基施、限氮肥量、稳磷补钾、

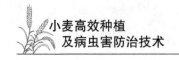

有机肥和无机肥结合的原则，通常中等及中上等土壤地力条件下，可每亩施用优质有机肥 3000 千克，加入氮肥 10 千克、磷酸二铵 15～20 千克、硫酸钾 15 千克、硫酸锌 1 千克，全部以底肥的形式基施，并在保墒的基础上进行深耕。在整个小麦生育期将不再进行追肥，以确保实现对氮肥的充分利用，减少氮肥的损失。

（三）墒

节水省肥栽培必须要保证土壤底墒足，且不能抢墒播种，在播种前要灌足底墒水，使土壤 0～2 米土层含水量达到最大持水量的 90% 以上，充分发挥出土壤水库作用。另外，小麦前茬生育期通常处于高温且降雨较多的夏季，所以要充分利用收获后土壤水库纳水性，既能减少汛期雨水的损失，又能加强对土壤水的利用。

（四）种

节水省肥栽培需要选好小麦品种，通常需要选择容穗量大、灌浆早且快、穗粒数稳定的抗逆性强的优良品种，其植株性状一般为株高较矮偏中等、旗叶及旗下叶面积较小但保绿性好、质量上乘、穗型紧凑且分层整齐、产大粒同时粒重较高等，这类品种和性状更适合节水栽培。

（五）密

现行栽培技术下冬小麦通常需适时早播，以提高壮苗概率，满足小麦生育前期的积温需求。节水栽培条件下，需适时晚播，一来可减少小麦生育前期对土壤肥料和水分的消耗，为免浇越冬水提供条件，二来能够减小苗龄，促进幼苗初生根的深扎，防止冬季冻害。

通常冬小麦的早播适期是 9 月下旬到 10 月上旬，此时气温依旧较高，所以土壤水分蒸发量较大，容易造成无效耗水，同时为了进行早播需要夏玉米早收，所以夏玉米易出现未充分成熟从而产量降低的情况。10 月下旬播种则属于过晚播，易因为天气渐冷麦苗根系无法有效深扎，从而推迟小麦抽穗期。因此，节水省肥栽培条件下，冬小麦的播种时期在 10 月中旬最合适，可适当增加播种量以提高基本苗数，以基本苗数来保证穗数。

（六）质

节水省肥栽培条件下需要保证基本苗数，所以基本苗较多，要想实现最终高产，就需要提高播种的质量。例如，达成苗间分布均匀，做到播种深度一致，保证行距均匀和播种量均匀等。

通常需要在播种前整地时深耕 20 厘米以上并将秸秆还田的根茬和秸秆等翻埋到土壤中，耕地之前要均匀施肥杀虫，耕地之后要进行精耕耙地、耱压、耢地，务必做到土壤耕作层上虚下实、土壤表层细腻平整。

播种深度为 3 ～ 5 厘米，行距为 13 ～ 15 厘米，在播种之后可在土壤表层出现干燥时进行镇压，之后轻耙土形成覆盖保墒。播种的质量务求达到标准，这是节水省肥栽培体系高产的核心保障。

（七）水

节水省肥栽培条件下，整个小麦生育期仅需要灌溉两次水，最适合的是拔节水和开花水，而且要尽量延迟灌水，即使冬前雨水偏少，初春较为干旱，也不应提前灌水。拔节水可在春季 4 片叶或 5 片叶时灌溉，开花水则在开花到开花后 5 天这一阶段灌溉。若条件仅允许春季灌溉一次，则可以将灌水期调整到拔节期到孕穗期的中间阶段，浇水量为每亩 50 立方米即可。

（八）暄

节水省肥栽培条件下，小麦播种后需要及时镇压并耙土，以细腻暄土覆盖以达到保墒效果。因在冬前不浇越冬水，所以冬前、整个冬季、早春，要一直保持麦田土壤表层有暄土覆盖，既可以起到保墒效果，又能够促进麦苗安全越冬。

第六章　小麦病虫害防治技术

第一节　小麦生理病害防治技术

在小麦整个生育期中，受到气候条件、土壤肥力、养分、栽培措施、耕作方式等影响，养分缺失、气候性危害等生理性异常，都是小麦生理病害的范畴，下面从养分缺失类病害、气候引发的生理病害及其他生理病害几个方面分析其成因和防治手段。

一、养分缺失类病害

小麦生育期内生长发育所需养分种类很多，当某些养分缺失后，就易出现不同的病害特征，常见也易缺失的养分有氮、磷、钾、锰、钼、铁等。

（一）缺氮症

缺氮症易发条件有3类：一类是土壤过分贫瘠，或者新垦田原本属于荒地；一类是小麦前茬作物产量很高，消耗土壤肥力过大，又未能进行适当的补充；还有一类则是降雨较多，氮肥一次性施用后被淋洗从而流失严重，尤其是施用硝态氮肥的土地最容易被淋洗造成损失。

缺氮症会引发小麦植株矮小且分蘖少，根系不发达，不仅根数少且毛细根量小，最终导致穗数少穗粒小，成熟早产量低。

缺氮的小麦植株症状是幼苗细弱，叶片颜色淡且窄短，比正常叶片硬，通常基部叶片最早显露症状，叶片发黄且叶尖易干枯，干枯会向下蔓延，叶片发黄干枯的症状还会逐渐从基部向上部扩展，当植株下部叶片变黄就可初步判断为缺氮，同时需要注意植株茎和根的情况，通常缺氮后植株茎会很细，根发白且毛根少。

缺氮症的防治措施主要有两种。一种是对于土壤较贫瘠，易出现小麦缺氮症的麦田，一定要在施用基肥时加入足量氮肥，通常每亩需要 6～9 千克。另一种是对于氮素易流失的麦田，若在小麦苗期出现缺氮症，可以采用开沟后土壤追施氮肥的方法，每亩跟随浇水追施氮肥 3～5 千克；若在小麦生育后期出现缺氮症，因该阶段小麦植株的根系吸收功能已经衰减，所以需要采用根外追肥的方式进行叶面喷施追氮，可每亩喷施 40～50 千克 1%～2% 浓度的尿素溶液。

（二）缺磷症

缺磷症易发条件有 3 类：一类是土壤质地为石灰性，此类土壤易出现磷肥固定，从而导致磷肥无法被植株吸收产生缺磷症；一类是栽培模式为水旱轮作，当田地从水田转变为旱田后土壤中的磷素就容易从可溶状态转变为难溶状态，磷肥的有效性大幅降低，植株吸收磷肥就会较为困难，从而引发缺磷症；还有一类是遭遇低温天气后，土壤墒情又较差，就容易引发作物缺磷症。

缺磷症的主要症状是小麦生育前期生长缓慢，叶片窄且呈现暗绿色，叶片无光泽，同时叶鞘呈现明显的紫色，植株的根系发育不良，次生根少而弱，呈现出鸡爪状，进入拔节期次生根也不伸长。

缺磷严重时小麦植株的叶片会呈现出紫色，抽穗期和开花期都出现延迟，最终造成穗小且穗上部小花不孕，最终灌浆不正常严重减产。在越冬时缺磷的植株抗寒能力较差，易受冻害甚至被冻死。

防治缺磷症可以从施用基肥着手，针对土壤的肥力和营养情况，采用不同的磷肥施用方式。如果是酸性土壤，可以在施用有机肥时加入适量钙镁磷肥，每亩施用 5～7 千克，或每亩施用磷酸二氢铵复合肥 15 千克；如果是中性或碱性土壤，则适宜施用过磷酸钙，可每亩施用 10 千克。磷肥可与有机肥进行混合基施，以抑制磷肥被土壤固定。

在小麦生育期出现缺磷症，则需要针对不同生育时期采取不同的措施。若在小麦苗期出现缺磷症，可在畦内开沟每亩追施过磷酸钙 30 千克；若在小麦生育后期出现缺磷症，可以采用根外追肥的方式，每亩施用 5% 过磷酸钙溶液 40 千克，或 0.2%～0.3% 磷酸二氢钾溶液 40 千克。

（三）缺钾症

缺钾症易发条件主要有 4 类：一类是小麦前茬作物吸收钾素量大或消耗钾

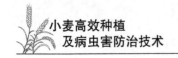

素量大；一类是作物栽培过程中一直采用高氮施用，造成了土壤中氮钾比例失调，钾素吸收被压制等；一类是施用基肥时有机肥或灰肥的比例过少，而化肥施用比例过大，也易发生缺钾症；还有一类是小麦种植过程中田间管理不当，土壤含水量过大造成根系呼吸不畅，抑制了根系对钾素的吸收。

缺钾症的主要症状是植株生长延迟且叶缘干枯焦黄，苗期的表现和缺氮症类似，叶片细长且叶尖发黄，拔节后茎秆细长。通常会从植株下部叶片开始出现症状，叶片的尖端和边缘逐渐变黄，之后叶片呈现为蓝绿色并逐渐变为褐色，叶脉和叶片中部能够保持绿色，严重时老叶会枯死。

与缺氮症不同的是，缺钾时植株的分蘖会横向伸展，而缺氮时植株的分蘖是直立向上伸长。小麦生育后期发生缺钾症，会导致茎秆软弱无法挺立，茎节呈现屈曲状，叶色下垂且抽穗延迟，整体表现为植株易倒伏不挺立，根系易腐烂，从而造成植株萎蔫，最终造成结实率不高且灌浆不好，籽粒品质低劣。

缺钾症的防治需要有针对性地展开措施，在施用基肥时要合理调整氮钾比例，做到平衡各养分，通常需要每亩施用钾肥 10 ～ 15 千克，也可加入草木灰 150 千克。在小麦整个生育期，追施氮肥时要注意控制追肥量，调节好氮钾的比例，避免氮肥过量抑制钾肥吸收。

若小麦苗期出现缺钾症，需及时进行叶面追肥，可每亩用 12.5 千克草木灰加水 50 千克过滤，滤液用以喷施叶面，也可以每亩用 40 千克 0.2% ～ 0.3% 的磷酸二氢钾进行叶面喷施，每周一次连续施用 2 ～ 3 次。

若小麦栽培过程中遭遇涝灾，雨后需要注意及时将田间积水排出，避免因土壤含水量过大引发缺钾症，可适当结合中耕松土散墒。

（四）缺锰症

缺锰症易发条件有 3 类：一类是春季出现严重干旱，这容易造成土壤中的锰素从易溶状态转变为难溶状态，从而影响植株吸收；一类是栽培模式为水旱轮作，从水田转为旱田不仅容易造成锰素的淋洗损失，同时也会令锰素难溶影响吸收；还有一类是土壤质地偏石灰性，其通透性好但土壤质地轻，其中溶解的有机质较少，就容易造成锰素损失而引发缺锰症。

缺锰症的主要症状是小麦植株的叶片褪色变薄，通常中下部叶片会出现褐色或黄白色斑块，并逐渐向植株叶片的中上部分蔓延，最终叶片呈现出条状黄化斑。缺锰症会造成植株根系发育不良，尤其是须根少且发黑，从而造成植株生长缓慢，分蘖少乃至不分蘖。缺锰症多发于小麦苗期，易在三叶期出现并在四叶或五叶时恶化。缺锰植株抗寒能力很弱，越冬时易受冻害。

防治缺锰症可以从 3 个方面着手：一是施用基肥时要增施有机肥来促进土壤锰素的还原，增强锰素有效性，可在有机肥中加入锰矿渣，确保锰素的持久效果；二是施用锰肥，可在播种前每亩种子用 0.1 千克锰肥溶液兑水拌种，若生育期发生缺锰症要及时追肥，可每亩开沟追施 1 千克硫酸锰或氧化锰，也可选用 0.1% ～ 0.2% 锰肥溶液进行叶面喷施；三是药剂防治，若在小麦生育期出现缺锰症可以用氧氯化铜 500 倍液进行喷雾处理，每周一次连续 2 ～ 3 次，或用波尔多液 200 倍液进行喷雾处理，每 10 天一次连续 2 ～ 3 次。

（五）缺钼症

缺钼症的易发条件主要有 3 类：一类是土壤质地偏酸性，这易影响植株对钼素的吸收从而引发缺钼症；一类是土壤中施用锰肥过量，这也容易抑制植株对钼素的吸收从而导致缺钼症；还有一类是土壤中施用磷肥不足，导致植株缺钼症。

缺钼症的主要症状是植株上部叶片和心叶先出现变色，由绿色向褐色变化，并逐步从心叶向下蔓延，全展开的叶片出现与叶脉平行的细小黄白斑点，这些斑点会逐渐连成线状和片状，最终导致上部叶片干枯，严重时会导致整个植株叶片全部干枯最终坏死。

对于土壤质地偏酸性引发的缺钼症，需要针对土壤进行改造，可施用石灰来调节土壤的 pH 值，有效增加植株对土壤中钼素的有效利用率。若为非土壤质地因素引起的缺钼症，可以采用追施钼肥的方式防治缺钼症。例如，播种前用钼肥拌种，每亩可用钼酸铵 10 克兑水拌种；或用 0.02% ～ 0.05% 钼酸铵溶液进行叶面喷施，每周一次连续 2 ～ 3 次；或将钼肥混入磷肥中进行基施。以上手段均可有效防治小麦缺钼症。

（六）缺铁症

引发缺铁症的条件通常是土壤中含磷量过高，包括土壤质地本身含磷量过高和磷肥施用过量等。

缺铁症的症状表现是心叶出现叶肉失绿，呈现出黄化或白化，叶脉依旧能够保持绿色，植株上部叶片逐渐变为黄白色，之后失绿叶片会从叶尖和叶缘逐

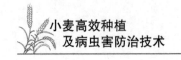

渐枯萎，并向整个叶片内蔓延。

防治缺铁症通常采用叶面追肥的方式，可选用 0.1% ～ 0.5% 硫酸亚铁溶液或 0.01% 柠檬酸铁溶液进行叶面喷施，每周一次连续 2 ～ 3 次。

二、气候引发的生理病害

气候条件所引发的小麦生理病害主要有冬小麦越冬时的冻害、春小麦早播引起的立针苗，以及热干风引起的小麦病害。

（一）小麦冻害

小麦冻害的引发原因主要是低温，同时也有很大程度是低温条件下整地、播期乃至氮肥施用不当所引发。

其中，纯粹的低温引发的冻害最常见，尤其是小麦适期播种后天气依旧较为温暖，就容易造成播种到越冬前整体气温较高，从而使小麦植株生长过快，引发了抗寒性减弱的情况，在入冬之后就容易引发冻害。

另外，若小麦播种前整地质量不高，则会导致土壤失墒严重且土壤耕作层过于疏松，在耕作层有空洞的情况下，若没有采取适当的中耕保墒和镇压措施，就会造成土壤热容量小，小麦进入冬季后根部和地上叶片就容易遭受冻害。

若种植的小麦属于适宜晚播的春性品种，但为了抢时或其他原因进行了早播，就会造成冬前小麦疯长和旺长，甚至会令小麦提前拔节，抗寒性会大幅降低，入冬后就容易遭受冻害。

氮肥施用不当也可能会造成小麦冻害，虽然氮肥是小麦生育期必不可少的养分，但若在进行基施时一次性施用过量，就容易导致小麦生育前期生长过于旺盛，幼苗的叶片过嫩，分蘖无法贮存足够养分，进入冬季小麦幼苗就易因低温发生冻害。

遭受冻害的小麦主要症状多体现在生长锥上，表现为生长锥呈现不透明状，之后萎缩变形，同时叶片呈暗绿色，并出现轻微褶皱，之后逐渐枯黄。若小麦在生育前期的中后阶段遭受冻害，会出现叶尖失绿并逐步变黄干枯的症状，严重冻害会造成植株地上部分全部干枯乃至死亡。

小麦冻害的防治，需要合理选种和适时播种，要选择抗寒性较好的品种，并做到精细整地，避免土壤耕作层大片空洞从而导致容热能力变差，同时要适时播种，避免冬前幼苗生长过旺。施用基肥时要注意平衡各养分，避免氮肥施用过度从而降低幼苗的抗寒性。在入冬前要适时冬灌，促进土壤保墒容热，令幼苗能够安全越冬，若采用节水栽培技术则需要进行冬前镇压和暄土覆盖来促进幼苗安全越冬。

（二）立针苗

立针苗主要发生于春小麦，若春小麦播种过早且过密，播种深度过深或整地不精细，播种后镇压过重，就很容易出现立针苗。

立针苗的主要表现症状是幼苗叶片少且长得很细，形状如同一根针，长相差从而无法形成足够分蘖。在土层中的地中茎很长，整体表现为细长状，极为影响小麦的后期发育。

防治立针苗需要根据整地的情况确定好播种的深度，通常以 3～5 厘米最为适宜，不能过深也不能过浅；同时要根据土壤地力确定好播种量，不能过于密集；在播种后的中耕过程中，要注意及时剔除多余的麦苗以降低密度，这样还能够提高土壤水肥的利用率；最后则是要在发现立针苗后及时加强水肥管理，及时进行土壤镇压令立针苗转壮。

（三）小麦热干风

热干风通常出现在小麦的生育后期，是一种多发性气象自然灾害。

该阶段气候已经逐步进入夏季，气温提升快，空气干燥度高，大风强风天气多，当高温、干旱、强风同时出现时就容易发生小麦热干风，通常引发的条件是温度持续 2～5 天高于 32℃、空气相对湿度低于 30%、风速达到每秒 2～3 米以上。此时小麦的叶面蒸腾作用强劲，水分蒸发量大，这样就容易造成植株体内水分失衡，引发小麦热干风。

小麦热干风容易导致籽粒灌浆受到抑制，甚至无法灌浆，最终令小麦提早枯熟，但产量降低严重。

小麦热干风的主要症状是植株各个部位出现失水变干现象，通常会从麦芒尖开始，逐步蔓延到麦芒基部，从穗部顶端蔓延到穗基部，从叶片尖端蔓延到叶基。

遭受严重热干风后，小麦植株的茎秆会出现青干发白的现象，叶片发生卷曲萎蔫且颜色会从青色转变为黄色，并逐步发展为灰白色。另外就是穗部的变

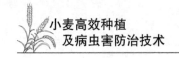
化，颖壳会转变为白色或灰绿色，麦芒不再整齐且籽粒灌浆度低，甚至会出现籽粒干秕。

防治小麦热干风，首先需要注意选种，要选择抗热干风、抗旱、抗病害等抗逆性强的优良品种。

其次需要注意灌溉水的供应。一是灌浆水要浇足，可以在灌浆初期进行灌浆水浇灌，若前期气候较为干旱，则需要适当提前浇灌浆水；二是注意适时浇灌麦黄水，通常要在小麦成熟之前 10 天左右浇灌一次，这样能够通过田间灌水有效改善麦田小气候，降低热干风的影响和危害，也有利于下茬作物的种植。

最后则是需要有针对性地进行叶面喷施，可以在小麦的开花期到灌浆期之间进行叶面追肥，可每亩喷施 50 ～ 100 千克的 1% ～ 2% 尿素溶液、0.2% 磷酸二氢钾溶液或 15% ～ 20% 草木灰浸出液等，既能起到预防和减轻热干风危害的效果，还能起到一定的增产作用。

还有一种叶面喷施措施就是进行叶面喷醋，可在小麦灌浆期用普通食醋 800 倍液进行叶面喷施，这样能够在一定程度上抑制叶面蒸腾作用，其中所含的醋酸还可以中和植株高温条件下降解出的游离态氨，减少其对小麦植株造成的影响。

三、其他生理病害

除养分缺失和气候等造成的小麦生理病害外，小麦还会受到一些其他因素引起的生理病害影响，包括栽培过程中因用药不当产生的药害，以及小麦自身遗传性异常或生理性异常。

（一）小麦药害

产生小麦药害主要有两种情况，一种就是因用药不当产生的药害。例如，施用各种毒害性较大的除草剂，包括百草敌、苯氧羧酸、苯甲酸或 2，4-D 等。这些药剂若施用方法、施用时间和施用剂量不当，其中所含有的化学物质就容易侵入植株内从而导致药害。

还有一种是因附近环境对小麦植株有污染性侵害引起的药害。例如，麦区附近有厂矿等企业，排出的有毒气体，如二氧化硫、氟化氢等，以及排放的有毒污水等，会随着风向和污水的渗透作用，对附近的麦田造成危害。

小麦药害的症状主要表现为生长发育受限，外部形态出现畸形，新陈代谢能力出现问题，若在小麦孕穗期出现药害，因幼穗分化对农药的敏感性较强，植株的叶片就会出现扭曲变形，穗部无法正常发育，抽出的穗呈畸形。若遭受有毒气体侵害，小麦的叶片则容易出现水浸状不规则斑块，之后斑块位置的叶片组织细胞会逐渐坏死，最终呈现出黄白色或白色斑块。

避免小麦药害发生，需要在使用除草剂和各类农药时，将药效、药量、针对性等研究透彻，并按照药剂的操作规程严格使用，同时在喷施药剂时一定要注意风向问题，若风向对麦田不利，需要及时设立隔离带防止药剂随风飘散伤害临近作物。

对于厂矿企业排放有毒气体或有毒污水，从而对麦田产生影响的情况，只能避免在下风区种植小麦，或有针对性地从源头入手。

（二）小麦生理性或遗传性异常

小麦生长发育过程中，当环境条件出现巨大变化，或出现不太正常的环境，抑或在同种环境下种植不同品种或不同世代时，出现的各种生理性或遗传性异常，也属于一种生理病害。

其最明显的症状是生长异常，包括植株叶片或茎秆等出现枯斑、褪绿、坏死、不正常斑点、黄化、白化、黑斑等，通常这种生长异常就是不正常环境因素或遗传不稳定所造成的生理病害。

防治此类生理病害，需要选择适宜小麦种植的地区，尤其是环境条件比较适宜小麦生长发育的地区。另外，则需要选择优良的小麦品种，淘汰具有异常表现的育种材料等，避免对小麦产量造成严重影响，最好能够选择符合国家标准的优良品种。

第二节　小麦病理病害防治技术

小麦病理病害主要是指由病毒、细菌及害虫等对小麦造成感染和侵害，产生多种病症或形成传播，最终影响小麦产量和质量的病害。可以将小麦的病理病害大体分为 4 种，即侵染植株、叶片、茎秆和穗部的病害。

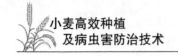
一、侵染植株类病害

（一）小麦黑条矮缩病

小麦黑条矮缩病主要出现在长江中下游冬亚区，主要对植株产生影响，导致植株矮小不抽穗，根系短小易枯死。

1. 病原及特征

小麦黑条矮缩病由水稻黑条矮缩病毒引发，其属于植物呼肠孤病毒组病毒，靠灰飞虱、白背飞虱、白带飞虱等带毒虫类传播，且以灰飞虱传毒为主。

病毒能够在寄主植株上越冬越夏，也可在带毒虫类体内越冬越夏，通常第一代灰飞虱会接毒后传给稻田，在稻田中繁殖二代和三代灰飞虱，之后通过成虫和越冬代若虫传染给小麦，最终完成侵染循环，灰飞虱最短获毒时间为 30 分钟，1～2 天必然可以获毒，之后便进行病毒传播。

2. 小麦黑条矮缩病症状

感染黑条矮缩病的植株主要症状是分蘖增加，叶片变得僵直短阔，叶背处叶脉及茎秆会呈现蜡白色，之后逐渐成为褐色短条瘤状隆起。

不同生育时期染病植株症状也会有所不同。苗期发病后，幼苗心叶会生长缓慢，除上述所说症状外，其根系会发育不良，造成植株矮小不抽穗，最终提早枯死；分蘖期发病后，染病植株的新生分蘖会停止抽穗，早期分蘖和主茎虽能够抽穗，但穗短小且带病，有些还会藏于叶鞘内不出；拔节期发病会导致剑叶短而阔，穗下节间会短缩，从而降低结实率。

3. 小麦黑条矮缩病防治措施

防治小麦黑条矮缩病，要注意选择抗病毒品种，同时在轮播期间要注意及时清除田间和田边的杂草，以便减少虫源和毒源，在小麦生育期中要注意防虫，尤其要抓住灰飞虱一代成虫迁移这一阶段进行有效防治。较为有效的药剂是生物药剂武夷菌素，可针对发病区域用武夷菌素 600～800 倍液进行喷雾处理，可与杀虫剂混用（混用前试验），以有效截断病原传播。

（二）小麦根腐病

小麦根腐病也被称为根腐叶斑病或黑胚病，是一种先发于植株地下部分然后引起地上部分发育迟缓的病害，多发于东北麦区和西北麦区。

1.病原及特征

小麦根腐病主要由禾旋孢腔菌引发，通常在土壤过于干旱或过于潮湿时发病，幼苗冻害严重时病情会更加严重。通常会在种子内外及土壤病残体上越冬越夏，感染病害的叶片和叶鞘病斑部分会产生分生孢子，并通过风雨进行传播，可随传播形成多次侵染。

小麦根腐病的发生和发展受到多种自然因素影响，土壤板结严重、播种时覆土过厚、小麦连作等都易引发小麦根腐病。小麦成株期发生根腐病主要表现在叶片上，且病情和叶龄、气象条件、病原量等有关，小麦生育前期气温较低，通常气候较为干旱，因此发病较轻，在抽穗之前植株叶片的抗性强，因此病情发展缓慢，当小麦抽穗之后，气温开始升高，空气湿度变大，植株抗性变弱，此时根腐病的病情会快速发展。

2.小麦根腐病症状

小麦根腐病源自根部病原感染，但表现主要在地上部分，小麦成株后发病，初期症状是叶片呈现梭形小褐斑，病斑发展并相连会导致叶片枯萎，发病的叶片基部叶鞘会出现褐色云纹状病斑，严重时叶鞘连同叶片直接枯死。穗部染病后会在颖壳出现褐色不规则斑点，穗轴会变为褐色，若空气较为潮湿则会产生霉层，籽粒感染后会在种皮形成褐色斑点，籽粒胚部变黑。

3.小麦根腐病防治措施

防治小麦根腐病要注意播种前进行浸种或拌种来灭菌，可每 100 千克种子用 200 克粉锈宁兑水 5 千克拌种，并在小麦生育期合理进行中耕，适当降低麦田间湿度。

也可在小麦扬花期进行药剂喷雾处理来预防根腐病，可每亩用 15% 粉锈宁 100 克，或多菌灵有效成分 50 克兑水进行喷雾处理，通常进行一次即可。

（三）小麦全蚀病

小麦全蚀病也称为黑脚病，主要发生于华北和西北春麦区，病害严重时会造成极大范围的减产。

1.病原及特征

小麦全蚀病主要由子囊菌亚门真菌中的禾顶囊壳禾谷变种和禾顶囊壳小麦变种引发，病菌的菌丝能够在病残体上长期存活，是一种土壤寄生菌，因此带菌土壤或带菌病残体会成为最初的侵染源。在冬麦区小麦种子萌发后，越夏病

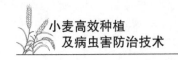

菌的菌丝体就会侵害幼苗种根，并寄居在变黑的种根中越冬，小麦来年返青后菌丝体会加速生长对植株进行侵染；在春麦区越冬菌丝会在种子萌发后侵染幼苗种根并逐步向上蔓延。

小麦苗期染病较多，但整个小麦生育期均可能染病，该病害属于自然衰退性病害，小麦和玉米连作时病害在达到高峰后就会自然衰退，1～2年后即可成为受控制的病害。

2. 小麦全蚀病症状

小麦全蚀病通常仅侵染小麦的根部和茎基部的1～2节，染病植株会出现矮化、分蘖少、下部黄叶多、种根和地中茎变为灰黑色等症状。病部表面或内部会出现腐烂，从而导致大片麦苗枯死。小麦进入拔节期后，根部和茎基部腐烂会加重，遭遇雨天时茎基部的腐烂会加剧，变黑速度加快，从而形成典型的黑脚病症状。

染病植株基部的病部叶鞘易剥离，且染病叶鞘内侧和茎基表面会出现灰黑色菌丝层，随着病害加重，颜色逐步加深，直至呈现出黑色膏药状。因病害主要侵染植株根部和茎基部，因此地上部分老叶会变黄，分蘖也少，并逐步枯死或出现白穗（图6-1）。

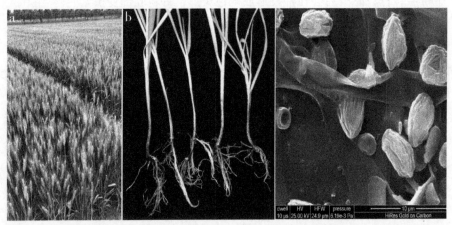

a：小麦全蚀病大田表型（白穗）；b：感染小麦全蚀病后茎基部和根部表型；
c：扫描电镜下拍摄的禾顶囊壳小麦变种孢子

图6-1　小麦全蚀病宏观及显微表型

3. 小麦全蚀病防治措施

小麦全蚀病受土壤性状和耕作管理影响较大，通常土壤质地疏松且肥力较低的碱性土壤上病害严重，同时土壤湿度较大也利于病害的发展。防治小麦全蚀病可以进行水旱轮作，并选用抗病性强的品种，同时冬小麦要适时播种，不宜早播。

对于染病麦田，要避免秸秆还田，并将秸秆连根拔掉并带出麦田集中焚烧处理。对于病害严重的麦田，可在播种前每亩用 70% 甲基托布津可湿性粉剂 2～3 千克，拌细土 20～30 千克，然后均匀撒到麦田里；也可在播种前进行药剂浸种和拌种，可每 100 千克种子用 200 克 12.5% 全蚀净进行拌种，之后闷种 6～12 小时，晾干后进行播种，也可用 200 克 2% 立克秀进行拌种。对于病害较严重的地块，可在播种后 20～30 天，每亩施用 15% 三唑酮或粉锈宁可湿性粉剂 200 克兑水 50 千克，冬前顺垄喷洒，来年返青期再喷洒一次。

（四）小麦霜霉病

小麦霜霉病也被称为黄化萎矮病，通常会在麦田低洼或水渠边发生。

1. 病原及特征

小麦霜霉病主要由鞭毛菌亚门真菌中的孢指疫霉小麦变种引发，病菌会以卵孢子的形式在病残体上进行越冬或越夏，条件适宜时会萌发并产生孢子囊，然后通过水流进行传播，通常在水流中会产生游动孢子，之后游动孢子会由小麦的芽鞘入侵并发展为菌丝，菌丝会深入小麦的生长点进行系统性侵染。最主要的发病时期是冬小麦的苗期，当田间灌水不当，积水严重时，易于发病。

2. 小麦霜霉病症状

小麦霜霉病的主要症状是植株黄化、萎缩，通常叶片症状明显，染病植株的叶片会出现黄白色条纹或斑纹，叶片会明显变宽变长，颜色呈淡绿且叶片柔软，叶面发皱不挺立。染病植株的茎秆会比壮株更加粗壮，且茎秆表面会出现一层较厚的白霜状蜡质。染病植株的穗部会出现穗轴弯曲或扭曲，小穗的颖片会呈现叶片状。

染病植株通常无法孕穗，即使孕穗也无法正常抽穗，穗可能会从旗叶的叶鞘旁拱出并形成畸形的龙头穗，形成的籽粒秕瘦且发芽率低，粒重极低（比正常籽粒干重低 75% 左右），从而造成减产。

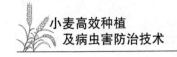
3. 小麦霜霉病防治措施

因小麦霜霉病主要通过水流传播，所以在进行灌溉时要严禁大水漫灌，雨后也需要及时进行排水，降低田间湿度，对于发病较重的地块可以和非禾谷类作物进行 1 年以上轮作。

播种之前可以对种子进行药剂拌种处理，每 100 千克种子可用 25% 甲霜灵可湿性粉剂 200 克兑水 5～7 千克进行拌种，晾干后播种。对于发病重的地块，可以在播种之后进行药剂喷施，可用 58% 甲霜灵·锰锌可湿性粉剂 1000 倍液、72% 克露可湿性粉剂 600 倍液或 72.2% 霜霉威水剂 800 倍液等多种药剂进行喷雾处理，这样可有效防治小麦霉霜病。

（五）小麦锈病

小麦锈病也被称为黄疸，主要有秆锈病、叶锈病和条锈病 3 类，属于全国大部分麦区常见病害，为害也最广最大。

1. 病原及特征

小麦秆锈病、叶锈病和条锈病分别由担子菌亚门真菌中的禾柄锈菌小麦变种、小麦隐匿柄锈菌、条形柄锈菌小麦专化型引发。其锈菌的冬孢子通常对小麦不造成影响，但其通过夏孢子在植株上越夏越冬，之后完成周年侵染。夏孢子较轻，所以能够随着气流进行远距离高空传播，这是非常主要的传染方式。

其中，秆锈菌耐夏季高温；条锈菌的夏孢子不耐高温，通常会通过气流到高寒区的晚熟春麦生出的麦苗上越夏，秋季再随气流回来侵染冬小麦，以病部内形成黑色冬孢子堆的方式埋伏在表皮内越冬，冬孢子成熟后表皮不会破裂；叶锈菌通常以夏孢子连续侵染的方式越夏，秋季就近侵染秋苗，之后以与条锈菌类似的方式越冬，冬前在秋苗发病后病菌需要以菌丝体的形式潜伏在叶片内越冬，也能少量以夏孢子形式越冬。

2. 小麦锈病症状

感染小麦锈病的初期会在叶片或茎秆上出现褪绿斑点，之后长出黄色或褐色锈斑，通常小麦成熟后病斑会变为黑色。不同的锈病病菌会侵染小麦植株的不同部位。

小麦秆锈病主要发生于叶鞘和茎秆，其夏孢子呈长椭圆形，感染植株后病斑常常会连成大斑，且病斑成熟后表皮非常容易破裂，从而散出大量夏孢子再进行病害传播，破裂的表皮呈现出外翻的唇状。

小麦叶锈病主要为害小麦叶片，较少为害茎秆和叶鞘，病菌会通过夏孢子从叶片气孔入侵，在叶片产生夏孢子堆，夏孢子从夏孢子堆表皮破裂处散落，其病斑通常较小，呈现近圆形的红褐色，排列并不规则。

小麦条锈病主要为害小麦叶片，叶鞘和茎秆也有发病。小麦苗期染病后会在幼叶上产生多层轮状的鲜黄色夏孢子堆；成株染病后初时会在叶片上呈现出小长条状夏孢子堆，通常会和叶脉平行排列，如同针脚，后期病斑表皮破裂出现锈褐色粉状物；小麦近乎成熟阶段染病后，会在叶鞘上呈现出卵圆形或圆形黑褐色夏孢子堆，最终会表皮破裂散出鲜黄色粉末。

综合3类锈病，可用简单的一句话进行区分，即条锈成行，叶锈乱，秆锈是个大红斑（图6-2）。

a：小麦条锈病表型；b：小麦叶锈病表型；c：扫描电镜下拍摄的小麦条锈病夏孢子堆

图6-2　小麦锈病宏观及显微表型

3. 小麦锈病防治措施

防治小麦锈病需要选择抗病性强的品种，整地时要注意消灭自生麦苗，这样可有效减少病原。

3类锈病的发生阶段稍有区别。例如，小麦拔节期到抽穗期条锈病发生较多，当病叶达到1%以上就需要全田防治；小麦孕穗期到抽穗期叶锈病发生较多，当病叶达到5%左右就需要及时防治，通过扑灭发病中心的方式避免大片传播；小麦开花期到灌浆期秆锈病发生较多，当病秆率达到1%～5%需要及

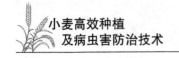

时进行全田防治。

可以在播种之前用药剂拌种来防治锈病，通常每 100 千克种子可用 120 克 12.5% 的特谱唑进行拌种，也可用 3 克粉锈宁有效成分或 30 克三唑酮有效成分进行拌种，还可用 10 克 25% 三唑酮可湿性粉剂进行拌种。

若在苗期发现病害，可用 15% 粉锈宁 1000 倍液在病害植株 1 米范围内进行喷雾处理，消灭早期菌源；也可在发病初期每亩喷施 12.5% 特谱唑可湿性粉剂 20～35 克兑水 50 千克，能够防治锈病和叶枯病等叶片病害。

另外，小麦条锈病和小麦叶锈病的病菌多着生于小麦叶片的背面，所以喷施药剂时以叶背喷施为主，当病叶达到 1% 及以上，每亩可用 15% 粉锈宁可湿性粉剂 50 克或 20% 粉锈宁乳油 40 毫升，兑水 50 千克进行喷雾处理，若病害流行年份病叶率较高，达到 10% 及以上，就需要适当加大药量，可用上述药剂的 2～4 倍浓度液进行喷雾处理。

（六）小麦丛矮病

小麦丛矮病在中国大多数麦区均有发生，小麦在整个生育期均可能染病，对小麦减产影响极大。

1. 病原及特征

小麦丛矮病主要由弹状病毒组中的北方禾谷花叶病毒引发，病残体是最主要的越冬寄主，但其并不会由种子、土壤和汁液传播，而主要是由灰飞虱进行传播。通常灰飞虱的 1 龄若虫和 2 龄若虫易于得毒，从而终身传毒，但不会通过卵传毒。

冬麦区播种后，小麦出苗后灰飞虱会从杂草或其他寄主带毒迁入麦田，从而进行传毒，在夏季多雨环境下，灰飞虱易于繁殖和越夏，带毒灰飞虱会造成间作套种麦田严重发病。

2. 小麦丛矮病症状

感染小麦丛矮病后，植株上部叶片会出现黄绿相间的条纹，且分蘖会增多，而植株会矮缩呈丛矮状，因此被称为丛矮病。苗期染病后通常会在冬小麦播种后 20 天显现症状，心叶出现断续的黄白相间虚线条，之后发展为条纹，且冬前感染的病株大部分无法安全越冬。

染病较轻的植株在来年返青后分蘖会继续增多，植株细弱矮缩，通常无法拔节和抽穗。冬前未显露症状或春季染病的植株，会在返青期和拔节期陆续出现症状，和冬前病株相比叶片色泽更加浓绿，茎秆稍粗壮，若拔节之后染病，植株仅上部叶片出现条纹，能够抽穗并结实，但籽粒秕瘦。小麦丛矮病会造成小麦严重减产，发病严重的会减产 30% ～ 50%，乃至更高。

3. 小麦丛矮病防治措施

防治小麦丛矮病需要在整地时清除干净麦田内的传毒虫源，包括麦田中的病残体和周围杂草等，在小麦进入返青期后适时进行返青水灌溉，可以为小麦补充水分，也能有效灭杀灰飞虱，从而减少病害传播。

因小麦丛矮病主要由灰飞虱带毒传播，因此防治手段主要是消灭传毒虫源。可在春季气温稳定在 5℃左右时进行药剂喷施防治，每亩用 40% 氧化乐果乳油 1000 倍液或 50% 辛硫磷 1000 倍液 50 千克左右，每周喷施一次连续 2 次。药剂喷施时需要将麦田周围 5 米范围都喷到，尤其是水沟、地头、地边等易生杂草处应注意喷施。

（七）小麦孢囊线虫病

小麦孢囊线虫病是一种由病原线虫侵染造成的病害，其主要为害禾谷类作物的根部，小麦也是其为害的作物之一，在全球各地均有所发生。

1. 病原及特征

小麦孢囊线虫病主要由燕麦孢囊线虫（也被称为禾谷孢囊线虫）引发，其特征是线虫的孢囊可以存活较长时间，无寄主的情况下能够在土壤中存活一年以上，但幼虫在无寄主的情况下数天就会死亡。

线虫的孢囊会在外界条件适宜时孵化出幼虫，然后侵入小麦根部的生长点，并在根维管束中发育为成虫，成虫甚至会突破小麦的根组织到达根表面，之后雌虫进行产卵并增大体积成为孢囊，孢囊会落入土壤成为传染源。

2. 小麦孢囊线虫病症状

燕麦孢囊线虫主要为害小麦根部，因此其病害的主要外在表现是小麦整个植株出现异常，通常表现为小麦的幼苗矮黄且根系短而分权，发展到后期染病植株的根系会因为线虫寄生呈现瘤状根，瘤状根会显露出白亮色或暗褐色的粉粒状孢囊。

成熟的孢囊很容易从根系脱落，因为孢囊仅在线虫成虫期出现，且出现位置在作物根系，所以较难被发现。当小麦根系被线虫侵染后，还易受到真菌类病菌的侵染，如立枯丝核菌等，从而造成根系腐烂，植株中下部叶片发黄，之

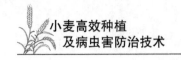
后向上蔓延而干枯，最终导致整个植株枯萎死亡。

3. 小麦孢囊线虫病防治措施

防治小麦孢囊线虫病需要选用抗病性强的品种，并将小麦和非寄生性作物进行轮作，在进行播种时要平衡施肥，同时可在易发病地块施入土壤添加剂来控制小麦根系生态环境，破坏燕麦孢囊线虫的生长条件从而避免病害出现。

若发现病害则需要及时采用药剂防治，可每亩麦田施用 3% 万强颗粒剂 200 克，也可以使用 24% 万强水剂 600 倍液进行喷雾处理。

二、侵染叶片类病害

（一）小麦白粉病

小麦白粉病在全国各麦区均有发生，其可以为害小麦植株地上各部分器官，以侵染叶片和叶鞘为主，发病严重时会侵染颖壳和麦芒。

1. 病原及特征

小麦白粉病是一种由真菌传染引起的病害，是由子囊菌亚门真菌中的禾本科布氏白粉菌小麦专化型引发，其菌丝能够体表寄生，并在寄主表皮细胞内形成吸器，吸收寄主的营养，与菌丝垂直的分生孢子梗会生出 10 ～ 20 个椭圆形分生孢子。

通常该病菌会以菌丝状态在自生麦苗上越夏，在秋季产生分生孢子对秋播麦苗进行侵染，若夏季较干燥则会以闭囊壳方式越夏，在秋播后空气湿度有所提高，闭囊壳能够吸水释放子囊孢子，继续侵染秋播麦苗。

秋播麦苗受侵染后病菌能够以休眠菌丝体的形式在麦苗下部叶片越冬，来年春季温度升高后，越冬菌丝体就会产生分生孢子成为传染源。其分生孢子能够随风传播进行重复侵染，最终形成白粉病流行。

2. 小麦白粉病症状

发病初期，主要是叶片出现黄色小点，然后逐渐扩大成圆形或长圆形病斑，病斑上会覆盖一层白粉状霉层。之后病斑上的霉层会散生出黑褐色小点，严重后会连成黑褐色片斑，最终导致叶片枯黄或枯死。

小麦白粉病发生后病叶会被霉层覆盖，因此会严重影响叶片的光合作用，从而导致穗数降低、穗粒数减少、粒重大幅降低等（图 6-3）。

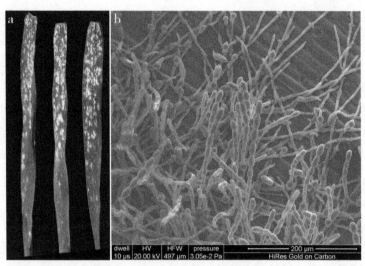

a：小麦白粉病表型；b：扫描电镜下拍摄的小麦白粉菌的分生孢子梗

图 6-3　小麦白粉病宏观及显微表型

3. 小麦白粉病防治措施

防治白粉病需要选择对白粉病抗病性强的小麦品种，可以根据当地的病害情况选择适宜的品种。

另外，需要在小麦生育期加强田间管理，合理施用氮磷钾肥，平衡土壤养分，可适当增施磷肥和钾肥，以此提高植株的抗病能力；在播种之前需要清理麦田中的自生麦苗，统一集中在麦田之外进行处理，减少秋播之后白粉病的发生概率。

在播种之前可以用 20% 粉锈宁乳油进行拌种来减少发病，若出现白粉病，可每亩用 20% 粉锈宁乳油 50 毫升兑水 50 千克进行喷雾处理，或施用 50% 粉锈宁可湿性粉剂 1000 倍液，每周一次连续 2～3 次。

（二）小麦黄斑叶枯病

小麦黄斑叶枯病是一种分布极广的病害，在全国各个麦区均有发生，主要侵染小麦叶片，会单独成为为害小麦的病害，也会和其他病害复合侵染从而引发严重后果。

1. 病原及特征

小麦黄斑叶枯病主要由半知菌亚门真菌中的小麦德氏霉引发，其病菌会寄生在病残体上于土壤或粪肥中越冬，能够以子囊孢子、分生孢子和菌丝段的形式，通过风雨进行传播，从而令小麦植株叶片染病，染病叶片的病斑上能形成分生孢子再次进行传播侵染。

2. 小麦黄斑叶枯病症状

小麦黄斑叶枯病主要侵染小麦叶片，初时叶片会出现黄褐色斑点，之后逐渐扩大形成纺锤形或椭圆形病斑，病斑的内部通常为黑褐色且具有不明显的同心轮纹，病斑外边缘具有黄色晕圈，严重时病斑会连成片，最终导致叶片枯死。

3. 小麦黄斑叶枯病防治措施

防治该病害需要注意整地时将病残体深埋或带出麦田统一处理，以此减少病原；小麦种植过程中要控制好田间湿度，并及时清除杂草等病原寄生处；染病后可在小麦旗叶抽出之后采用药剂防治，可用 70% 代森锰锌可湿性粉剂 500 倍液进行喷雾处理，每周一次连续 2 次。

（三）小麦链格孢叶枯病

小麦链格孢叶枯病也被称为小麦叶疫病，是一种检疫性病害，多发于印度、意大利等，在中国原本少见，但后来在黄淮麦区出现。

1. 病原及特征

小麦链格孢叶枯病主要由半知菌亚门真菌中的链格孢菌引发，其通常会和蚜虫、根腐叶枯菌等混合侵染。病菌通常会以分生孢子的形式附着在种子外皮，或以菌丝的形式在种子内部存活，最终会随着带病种子的播种引发感染。病菌会通过小麦植株的表皮直接侵入或通过伤口侵入，染病部分产生的分生孢子会通过风雨再次进行侵染，高温高湿环境能够提高该病的发生概率。

2. 小麦链格孢叶枯病症状

该病害主要侵染小麦叶片，染病后小麦的下部叶片会出现较小的椭圆形褪绿斑，之后变为黄褐色并逐步扩大为不规则状。随着病害的加重，病部会从下部叶片蔓延到上部叶片，最终导致叶鞘和穗出现枯萎症状，高温潮湿的环境下，病斑处会出现暗色霉层。

3. 小麦链格孢叶枯病防治措施

防治小麦链格孢叶枯病需要选用抗病性强的品种，同时在整地时要选用充分腐熟的有机肥，可施用酵素菌沤制的堆肥，这样能有效减少该病害的发生。若长期发病，需要通过药剂喷施进行病害防治。

可选用 70% 代森锰锌可湿性粉剂 500 倍液、75% 百菌清可湿性粉剂 600 倍液或 64% 杀毒矾可湿性粉剂 500 倍液等多种药剂进行喷雾处理。

（四）小麦梭条花叶病

小麦梭条花叶病也被称为小麦梭条斑花叶病或小麦黄花叶病，多发于长江流域和黄淮麦区，大范围发病会造成极大减产。

1. 病原及特征

小麦梭条花叶病是一种病毒病，主要由马铃薯 Y 病毒组中的小麦梭条斑花叶病毒引发，其主要由禾谷多黏菌携带病毒进行传播，禾谷多黏菌的休眠孢子能够在土壤中长期存活，当条件适宜时会产生游动孢子，然后携带病毒侵入幼苗根部从而令小麦染病。侵入幼苗根部的禾谷多黏菌会继续生成游动孢子，从而携带病毒进行传染。

2. 小麦梭条花叶病症状

感染该病毒的小麦植株的新生叶片会出现扭曲和褪绿变黄现象，通常在小麦 4～6 片叶之后的新叶上出现症状，初时新叶会出现淡绿色或橙黄色的斑点或梭形点，之后逐渐演变为淡绿色或黄色不连续线条，并进一步扩大为黄绿相间斑驳或条纹。

病叶通常在最初为绿色，之后全叶变为橘黄色。染病植株的穗会较为短小或出现弯曲和畸形等现象。

3. 小麦梭条花叶病防治措施

防治小麦梭条花叶病需要选用抗病性强的品种，并将其和非寄主类作物进行轮作倒茬，如油菜、大麦等。冬麦区应适时播种，避开禾谷多黏菌的最佳侵染时期。若生育期发病可进行药剂防治，可每亩选用 25% 菌毒清 500 克，加入活力素两包进行喷雾处理。

（五）小麦雪霉叶枯病

小麦雪霉叶枯病也被称为小麦雪腐叶枯病或红色雪腐病，通常在阴湿多雨、气温较低的麦田易于发生，在西北、西南和长江中下游麦区发病严重。

1. 病原及特征

小麦雪霉叶枯病主要由半知菌亚门真菌中的雪腐格氏霉引发，病菌能够以分生孢子或菌丝体的形式在土壤、病残体或种子上越冬，能够在适宜环境下

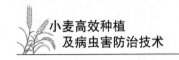
侵染植株叶鞘，之后向其他部位扩展并进行重复侵染。小麦在拔节期和孕穗期受到冻害后，因植株抵抗力下降就易于被感染。最适宜的病菌生长温度是19～21℃，春秋的低温高湿环境非常适合病菌传染，-2～30℃环境下病菌均可生长发育，因此在小麦生育中后期高温多雨的环境下病害易流行。

2. 小麦雪霉叶枯病症状

小麦雪霉叶枯病可在出苗到成熟的整个生育期侵染小麦，主要侵染小麦叶片和叶鞘，叶枯和鞘腐最为明显。感染初期会在叶片上形成椭圆形大斑，几近与叶片等宽，病斑拥有多层轮纹，呈污褐色或污绿色水渍状，表面着生砖红色霉层，此为病菌的分生孢子，能够形成重复侵染。

小麦叶鞘受害之后会变为褐色，并逐渐腐烂，之后枯死，同时相连的叶片也会快速枯死，当田间空气潮湿时病部会产生稀薄的红色霉状物，在田间通风效果差时易于成片染病，严重时会造成麦田减产10%～20%。

3. 小麦雪霉叶枯病防治措施

防治小麦雪霉叶枯病需要选用抗病性强的品种，不同品种抗病性的差异较为明显。同时，在种植过程中需要注重田间管理，保证田间拥有良好的通风性和透光性，这样可有效减少病害发生。对冬小麦进行冬灌时要浇透，减少春季灌水，可有效减少病害的发生。

对于高肥、密植、发病严重的地块或地区，可每亩用50克80%多菌灵超微粉剂1000倍液，在小麦越冬前和返青后整田进行喷雾处理，也可以用50%苯菌灵可湿性粉剂1500倍液或25%三唑酮乳油2000倍液整田进行喷雾处理。

三、侵染茎秆类病害

（一）小麦秆黑粉病

小麦秆黑粉病主要为害植株茎秆、叶鞘及叶片，主要发生于北部冬麦区。

1. 病原及特征

小麦秆黑粉病主要由担子菌亚门真菌中的小麦条黑粉菌引发，通常一年会侵染一次，通过土壤进行传播，病菌会以冬孢子团的形式在土壤、肥料之中，或黏附于种子表面进行越冬或越夏。冬孢子会在种子萌发后从幼苗芽鞘浸入生长点，最终使幼苗出现系统性病害。

该病害在土壤温度 20℃ 时最易发生，通常在播种后小麦发芽期地温 9 ～ 26℃ 时均可能侵染幼苗，一般土壤较为潮湿的条件下发病严重。

2. 小麦秆黑粉病症状

该病害主要为害小麦的茎秆、叶鞘及叶片，初期染病后病部会出现与叶脉平行并逐渐隆起的浅灰色条纹，进入拔节期后症状会更加明显，随着病部的发展，其表皮会发生破裂并散出黑粉，这是病菌的厚垣孢子，会再次对植株造成侵染。染病严重的植株茎秆矮小卷曲，分蘗增多但不抽穗就会枯死，最终造成大批幼苗死亡。

3. 小麦秆黑粉病防治措施

防治小麦秆黑粉病需要选用抗病性强的品种，同时，在整地时要注意对土壤耕作层进行杀毒灭菌，也可用杀菌剂进行拌种来减少病菌侵染。防治该病害主要在于播种过程需要注意进行适时播种和适当浅播，这样可有效减少病菌侵染。

对于土壤传病的主要区域和麦田，可每 100 千克种子用 200 克 40% 拌种双或 300 克 50% 福美双进行拌种；对于非土壤传病的麦田，可每 100 千克种子用 150 克 20% 三唑酮等内吸杀菌剂进行拌种。

（二）小麦秆枯病

小麦秆枯病主要为害小麦植株基部的叶鞘和茎秆，多发于华东、西北和黄淮麦区。

1. 病原及特征

引发小麦秆枯病的是子囊菌亚门真菌中的禾谷绒座壳，其通常以分生孢子器或菌丝体的形式寄生在病残体上，或以分生孢子器的形式附着在种子上进行越冬和越夏，当条件适宜时分生孢子会通过风雨进行传播，造成侵染。

感染病害的病部会继续产生分生孢子进行侵染，通常在温度较低、空气湿度较大的天气下病害易于发生。

2. 小麦秆枯病症状

小麦秆枯病通常会在幼苗期发生，出苗后会在土壤表层之下的幼芽鞘或叶鞘上发病，病部初时会出现灰白色菌丝块，之后病部周围会形成带褐色边缘的椭圆形病斑，并逐步蔓延到地上部分的茎秆。

进入返青期后，染病小麦的病斑会呈褐色并扩大成云纹状，病斑中间会出

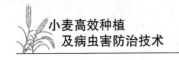
现灰黑色颗粒，随着小麦植株的生长发育，病斑会不断扩大，逐渐叶鞘上会呈现出明显的椭圆形病斑，叶鞘内出现灰色菌丝层并有针尖状黑点穿出叶鞘，当病害严重时整个植株会茎秆干缩，最终倒伏成枯白穗，严重影响小麦产量。

3. 小麦秆枯病防治措施

防治小麦秆枯病需要选用抗病性强的品种，在整地过程中要及时清除病残体并深翻掩埋，因病害主要发生于播种后的苗期，因此可用药剂拌种进行防治。通常可以每 100 千克种子选用 500 克 50% 福美双进行拌种，或选用 40% 多菌灵可湿性粉剂 200 克加水 5 千克进行拌种。该病害通常会在出苗前侵染，出苗后植株间不会相互侵染，且在小麦三叶期之后随着抵抗力的提高，为害会逐渐减小，病害的为害程度主要取决于土壤带菌量。

（三）小麦纹枯病

小麦纹枯病也被称为立枯病，是世界性小麦土传真菌类病害，在全国各地麦区均有发生。

1. 病原及特征

小麦纹枯病主要由担子菌亚门真菌中的禾谷丝核菌和半知菌亚门真菌中的立枯丝核菌等引发。病菌通常以菌丝或菌核的形式在土壤中的病残体上存活，当小麦群体过大、水肥施用过多、田间湿度过大时就易传播和蔓延。

2. 小麦纹枯病症状

小麦纹枯病主要侵染小麦植株的茎秆和叶鞘，发病初期病株接近地表的叶鞘会出现淡黄色斑点，之后发展为梭形或椭圆形黄褐色病斑，病斑逐渐扩大，颜色会变深并向内侧发展，最终为害茎秆，染病严重的病株茎秆基部会变黑乃至腐烂，最终死亡。

小麦生育中后期受到病害侵染后，会在叶鞘上出现云纹状病斑，病斑分布无规律，严重时病斑会遍布整个叶鞘，从而令叶鞘和叶片早枯。若田间湿度过大、通风不佳，会在病部出现白色霉状物，并最终集合成黄褐色或淡黄色的霉团，之后形成散生的球形或近球形褐色小颗粒。

3. 小麦纹枯病防治措施

防治小麦纹枯病需要选用抗病性强的品种，播种时要避免早播并降低播种量，生长过程中要注意排水，避免田间湿度过大。播种前可对种子进行拌种处理，每 100 千克种子可用 200 克 33% 纹霉净可湿性粉剂或 30 ～ 40 克 15% 三唑醇粉剂进行拌种。

对于病害严重区域，可在小麦拔节期每亩施用10克井冈霉素有效成分，需在上午进行喷施，可适当增加水量令药液能够流到植株基部。若发病严重可10天之后再喷施一次。

四、侵染穗部类病害

（一）小麦赤霉病

小麦赤霉病是全国麦区常见病害，发病后会导致小麦严重减产，同时染病植株会产生大量对人畜有害有毒的物质，会造成小麦籽粒利用价值大幅降低。

1. 病原及特征

小麦赤霉病是由半知菌亚门真菌中的多种镰刀菌引起，包括禾谷镰孢菌、燕麦镰孢菌、串珠镰孢菌、黄色镰孢菌等，病菌能够在土壤表层、秸秆等病残体上越冬，进入春季温度升高后，其会产生子囊壳，之后子囊壳会经气流传播到小麦的穗部，合适条件下会造成侵染。

小麦赤霉病是典型的气候型、气流传播类病害，受到气候影响严重，具有很强的爆发性和间歇性。例如，在小麦抽穗期和扬花期，若遭遇3天以上连续降雨就非常容易引起赤霉病流行。

2. 小麦赤霉病症状

小麦赤霉病的发病时间很长，从苗期到抽穗期均可能发病，通常染病植株会出现穗部腐败，也可能会出现茎部腐败和植株枯萎症状。在抽穗扬花期发病时，会先在个别小穗上发病，之后沿穗轴上下扩展到临近的小穗，最终导致整个穗部染病。[①] 穗部染病后病部呈现枯黄色或褐色，潮湿环境下会出现粉红色霉层，空气较干燥时病部和其上部会枯死形成白穗，白穗无霉层但后期会出现黑色颗粒，对小麦产量的影响极为巨大，大范围发病会造成小麦减产5%～15%。

3. 小麦赤霉病防治措施

防治小麦赤霉病需要选用抗病性强的品种，并结合深耕灭茬来减少病原，合理进行田间管理，注意灌溉和排水，降低田间湿度能够有效减少病害发生。

---

① 郭成君. 小麦赤霉病流行发病特点及防控对策［J］. 安徽农学通报，2021，27（9）：88–89.

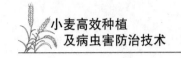
发生赤霉病时要及时进行药剂防治，通常从开花期到灌浆期，每亩可用50%多菌灵可湿性粉剂100克兑水进行喷雾处理，或用50%多霉威可湿性粉剂800～1000倍液进行喷雾处理，每周喷施一次连续2～3次。

（二）小麦黑颖病

小麦黑颖病主要为害穗部，在大部分麦区都有发生，发生严重的区域为东北麦区、西北麦区、华北麦区和西南麦区。

1. 病原及特征

小麦黑颖病是由油菜黄单胞菌小麦致病变种引发，该病菌属于一种杆状细菌，其寄居于小麦种子内、病残体上或其他寄主体内，会随着种子的萌发侵入幼苗的导管进行系统性侵染，之后进入小麦的穗部诱发病症。

病菌所产生的菌脓会随着雨水、昆虫等进行田间传播，造成再次侵染，适宜的发病环境是高温高湿天气。

2. 小麦黑颖病症状

小麦感染黑颖病初期会在穗部颖片处出现水渍状条纹，之后逐步发展为黄褐色条斑并融合为斑块，发病严重后整个颖片会变为黑褐色，穗部的穗芒也会呈现黑褐色或黄褐色。感染黑颖病较早会导致全穗颖壳发病，感染较晚则穗部病斑分布不规则。

植株的茎部和叶片也可能被侵染，茎秆染病后会呈现出黑褐色长条斑，叶片受害初期会呈现出水渍状斑纹，斑纹会沿叶脉蔓延成黄褐色长斑，之后叶尖开始枯萎。

当空气较潮湿时，多数病斑处会渗出有光泽的菌脓，干燥后会形成表面凝结。发病严重的植株根系发育会受到影响，且穗型小、结实少，大片染病甚至会造成10%～50%的减产。

3. 小麦黑颖病防治措施

防治小麦黑颖病需要选择无病害的种子，播种前要对种子进行药物浸种处理，以杀灭寄生在种子内部的病菌，可用15%噻枯唑–018胶悬剂按0.3%的浓度配置溶液来浸种，12小时后进行阴干再播种。

若小麦生育期发病，要及时在发病初期用15%噻枯唑–018胶悬剂500倍液或叶枯宁药剂进行喷雾处理，每周一次连续2次。

（三）小麦散黑穗病

小麦散黑穗病主要为害小麦植株的穗部，在大多数春麦区较为常见，因为害穗部所以极易造成大幅减产。

1. 病原及特征

小麦散黑穗病主要由担子菌亚门真菌中的散黑粉菌引发，且具有寄主专化现象，染病小麦不会侵染大麦，但染病大麦会侵染小麦。病害通常仅在开花期进行传染，带菌种子是传播的唯一途径。

带菌种子无明显外部症状，能够正常萌发并生长，但其体内携带的菌丝会随着小麦的生长点不断向上发展最终进入穗部，破坏穗部的花器，形成厚垣孢子，植株进入扬花期后在适宜的条件下，尤其是空气湿度较大的天气，会快速形成传染。

2. 小麦散黑穗病症状

小麦散黑穗病的主要症状是染病植株抽穗比正常植株早，发病初期其穗的外部会出现一层灰色薄膜，苞叶长出之前其内部就会形成黑粉，病穗抽出时薄膜会破裂，黑粉开始飞散传播，最终令穗部仅残留穗轴（图6-4）。

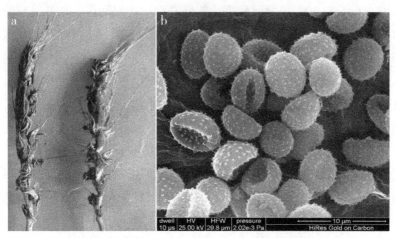

a：小麦散黑穗病表型；b：扫描电镜下拍摄的散黑粉菌的孢子

图6-4　小麦散黑穗病宏观及显微表型

3. 小麦散黑穗病防治措施

因带菌种子是该病害的唯一传播渠道，因此防治小麦散黑穗病主要是对种

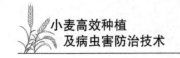

子进行杀菌灭毒处理。可通过石灰水浸种来灭杀病菌，每 100 千克种子用优质生石灰 1.5～2.0 千克，兑水 150 千克滤去渣滓后进行浸种，水面需高出种子10～15 厘米，种子厚度不能超过 66 厘米，在 20℃室温下浸种 3～5 天，在25℃室温下浸种 2～3 天，在 30℃室温下浸种 1 天即可，浸种后晾干播种。

也可以通过药剂拌种来灭杀病菌，每 100 千克种子可用 300 克 75% 萎锈灵、100 克 20% 三唑酮乳油或 200 克 40% 拌种双可湿性粉剂进行拌种。

（四）小麦腥黑穗病

小麦腥黑穗病也被称为腥乌麦、黑麦等，因其主要症状出现于穗部而得名，在中国很多麦区均有发生，病害主要为害的是籽粒，所以对小麦减产影响巨大。

1. 病原及特征

小麦腥黑穗病主要是由担子菌亚门真菌中的小麦网腥黑粉菌和小麦光腥黑粉菌等引发，病菌会以厚垣孢子的形式附着在种子外皮上或在土壤中越冬或越夏，当小麦发芽时厚垣孢子就会跟随萌发，从小麦幼苗芽鞘入侵至生长点。

腥黑穗病的发生和土壤温度关系密切，最适宜入侵芽鞘的温度是9～12℃，在 5～20℃环境下病害均能够发生。小麦幼苗生长最适宜的温度是12～16℃，因此通常播种越晚发病越重。另外，土壤含水量较高时病害发生率也较高，种子播种深度过深也会促使发病。

2. 小麦腥黑穗病症状

小麦腥黑穗病的症状主要表现在穗部，通常染病植株都较矮，且分蘖较多，病穗短直且颜色较深，染病初期为灰绿色，之后逐渐变为灰黄色，染病的穗部颖壳和麦芒会外张从而露出染病的籽粒。染病籽粒通常短粗，初始时为暗绿色之后逐步转变为灰黑色，其外会包裹一层灰色膜，膜内充满厚垣孢子，呈黑色粉末状，破裂之后会形成病害传播，同时散发含有三甲胺的气体(鱼腥味)。

3. 小麦腥黑穗病防治措施

防治小麦腥黑穗病需要注意种子的检验防疫，适当采用适时早播和浅播（春小麦可适时播种，不宜早播），以便减少病害发生。另外，可采用药剂拌种来进行防治，每 100 千克种子可用 100 克 2% 立克秀拌种剂兑少量水进行拌种，晾干后进行播种，也可用 200 克 20% 三唑酮或 100 克 15% 三唑醇等多种药剂进行拌种和闷种。

（五）小麦粒线虫病

小麦粒线虫病也被称为小麦粒瘿线虫病，在中国绝大多数麦区并无发生，仅有少数地区出现。

1. 病原及特征

小麦粒线虫病主要由粒线虫侵害小麦引发，这是一种植物寄生线虫，会将卵产于绿色虫瘿（植物组织受刺激后形成的畸形瘤状物）中，虫瘿混杂在麦种或土壤之中，随着带有虫瘿的麦种播种，当土壤环境适宜时，病害开始进行传播。

粒线虫的 1 龄幼虫在卵壳之内，2 龄幼虫则呈针状，尾部尖细，前期在绿色虫瘿中活动，之后在褐色虫瘿内休眠来越冬。环境适宜后 2 龄幼虫会复苏出瘿，在碰到麦苗后即进行入侵并随着麦苗的生长向上转移，最终进入穗部刺激子房形成虫瘿，完成入侵和传播。

2. 小麦粒线虫病症状

粒线虫的幼虫侵入小麦植株生长点后，会营外寄生侵染并刺激茎叶的原始体，从而造成茎叶在后续的生长发育过程中产生卷曲畸形，在幼穗分化期幼虫会入侵花器并营内寄生，到抽穗开花期，幼虫会刺激子房畸变形成雏瘿。

小麦进入灌浆期后，雏瘿发展为绿色虫瘿，其内幼虫会迅速发育并蜕 3 次皮，经历 3 龄和 4 龄成为成虫。雌雄成虫交配后即产卵并孵化出 1 龄幼虫继续在虫瘿内为害。

染病的小麦植株抽穗前叶片会发生皱缩和卷曲畸形，茎秆弯曲且肥肿，孕穗之后染病植株茎秆肥大且株型矮小，节间极短且多数无法抽穗，即使抽穗，抽穗的籽粒也会绝大部分变为虫瘿。病穗通常短而粗且颖壳张开，能够清晰看到带有虫瘿的瘿粒，初期为绿色虫瘿，顶部带有钩状物且侧边有沟，之后逐步发展为黄褐色或暗褐色的老熟虫瘿，拥有较硬的外壳，能保护其内的幼虫。

3. 小麦粒线虫病防治措施

防治小麦粒线虫病需要加强检疫工作来掐断其发病源头，必须严禁从疫区调种。在播种之前要进行浸种和拌种，以消灭种子中的虫瘿，可直接将麦种倒入清水，这样可令 95% 左右的虫瘿上浮，整个过程需要在 10 分钟内完成，以防止虫瘿吸水下沉无法去除。也可以每 100 千克种子用 50% 甲基对硫磷或甲基

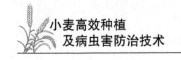
异柳磷 200 克，兑水 20 千克进行拌种，闷种 4 小时后播种。

若发现病害，需及时采用药剂防治，可每亩用 15% 涕灭威颗粒剂 100 克或 3% 万强颗粒剂 150 克兑水进行喷施。

第三节　小麦虫害防治技术

虫害主要是由各种害虫侵害小麦植株最终导致的危害，综合而言，可以将虫害分为两大类，一类是为害小麦籽粒的虫害，一类是为害小麦植株的虫害。

一、为害小麦籽粒的虫害

（一）麦蛾

麦蛾是一种以幼虫蛀食贮粮为主的害虫，属于鳞翅目麦蛾科，在全国除西藏麦区之外的其他麦区均有分布，以为害淮河以南麦区为主。

1. 麦蛾的形态及为害特征

（1）形态特征

麦蛾是一种小型蛾类，其体形比其他害虫略大。麦蛾成虫体长约 4～6 毫米，翅展可达 12～15 毫米，体色以淡褐色或黄褐色为主，前翅为淡黄色竹叶形，后翅为银灰色菜刀形；麦蛾卵为扁平椭圆形，长约 0.5～0.6 毫米，卵表面有纵横凹凸的条纹，其中一端较小且顶端平整，初产时为乳白色，之后变为淡红色；幼虫体长约 5～8 毫米，腹足退化不明显，通体乳白色。

（2）为害特征

麦蛾通常以老熟幼虫形态潜伏在籽粒之中越冬，其幼虫能够蛀食籽粒内部，通常能将籽粒蛀空从而令种子失活，不仅影响种子发芽率，严重地还会造成贮粮品质大幅下降。

幼虫在化蛹前会结出白色薄茧，成虫羽化时会将薄茧顶破从而钻出籽粒，羽化后马上交尾，之后 24 小时即可产卵，通常会将卵产在粮堆表层 20 厘米范围内。卵孵化后幼虫可以转移到其他籽粒为害，在 21～35℃条件下幼虫发育迅速，为害最为严重。

2.麦蛾的防治措施

防治麦蛾最简单的措施就是通过高温暴晒来灭杀害虫，在夏季高温晴天时，将小麦摊开 3～5 厘米厚，1 小时翻动一次令小麦温度快速升至 45℃，然后保持该温度 4～6 小时，这样能够有效灭杀其中的麦蛾虫卵，可趁热入仓贮藏。

其他防治麦蛾的措施可和贮藏手段相结合。例如，采用缺氧贮存方式，利用小麦籽粒后熟耗氧的特性，阻断麦蛾生长发育的氧气来源，令害虫窒息死亡。也可以采用酒精熏蒸的方式，每 1000 千克籽粒使用 0.5 千克酒精，将其瓶装并用布包裹瓶口放置于粮堆底部，将粮堆密封借此熏蒸。

（二）小麦吸浆虫

小麦吸浆虫是一种世界范围内的小麦害虫，为害中国麦田的吸浆虫主要有两类，分别是红吸浆虫和黄吸浆虫，均属于双翅目瘿蚊科。其中，红吸浆虫主要为害平原麦区，而黄吸浆虫主要为害高原麦区。

1.小麦吸浆虫的形态及为害特征

（1）形态特征

红吸浆虫有卵、蛹、幼虫和成虫 4 种形态。卵长约 0.09 毫米，为浅红色的长圆形。蛹长约 2 毫米，属于无壳裸蛹，通体橙褐色，头部有两根白色短毛和一对长呼吸管。幼虫体长 3～3.5 毫米，通体橙黄色，头部较小且无足，为椭圆形蛆状，在幼虫前胸腹有 Y 形凹陷的剑骨片。雌成虫体长 2～2.5 毫米，翅展 5 毫米，前翅透明且有 4 条发达的翅脉，后翅退化为平衡棍，通体橘红色，触角细长呈念珠状，有一圈短环状绒毛；雄成虫体长 2 毫米，通体橘红色，触角每一节中部会收缩，从而令触角每节都为葫芦状，膨大的部分有一圈长环状绒毛。

黄吸浆虫的卵长 0.3 毫米左右，为香蕉形，通体浅黄色；蛹长 2 毫米左右，通体鲜黄色，头部有一对较长的毛；幼虫体长 2～2.5 毫米，体表光滑，通体黄绿色或姜黄色，前胸腹有剑骨片，前端呈现弧形浅裂状，腹部末端有 2 个突起；成虫体长 2 毫米左右，通体鲜黄色。

（2）为害特征

吸浆虫主要以幼虫形态为害小麦的籽粒，通常会潜伏在穗部颖壳内吸食正在灌浆的籽粒汁液，最终造成籽粒空壳或秕粒，也会为害花器，最终造成小麦严重减产。

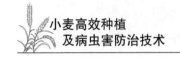

吸浆虫通常以老熟幼虫形态在土壤中结成圆茧越冬和越夏，一年发生一代，春季越冬幼虫会破茧到地表，并在 4 月中下旬大量化蛹，羽化后大量产卵为害。若成虫盛发时恰逢小麦抽穗期和开花期，会对小麦造成极大的伤害。

吸浆虫的幼虫不耐高温，越冬幼虫破茧时若雨水较多或田间进行了灌溉，会提高羽化率和卵的孵化率，同时，幼虫的强活动力造成的为害更大，土壤质地较为疏松、保水性较强的麦田易于发生虫害。

2. 小麦吸浆虫的防治措施

防治小麦吸浆虫需选择抗虫性强的品种，一般麦芒长且多刺、口紧小穗密集、果皮较厚、扬花期短的品种抗虫性较强。在吸浆虫发生较严重的地区，可将小麦与油菜、豆类、棉花等作物进行轮作，这样能够明显降低吸浆虫的虫口数量。

在吸浆虫发生较严重的麦田，播种前可以进行土壤处理，每亩用 50% 辛硫磷乳油 200 毫升兑水 5 千克，与 20 千克细土进行混合拌匀制成毒土，配合最后一次浅耕将其翻入土中，可有效灭杀吸浆虫蛹。

另外，在小麦生长阶段，可在拔节到孕穗前，每亩用 50% 辛硫磷 1 千克，和 20 千克细沙拌匀后撒于田间，之后浇水促使生效，能够有效灭杀刚刚羽化的成虫、幼虫及蛹。在小麦抽穗后，可在扬花前用邯科 140 的 1500 倍液进行喷雾处理，能够有效灭杀吸浆虫的成虫和卵。

二、为害小麦植株的虫害

（一）小麦蚜虫

小麦蚜虫也被称为油虫或蜜虫等，是为害小麦的主要害虫之一，蚜虫对小麦植株进行刺吸伤害，小麦的叶片、茎秆、穗部均是蚜虫侵害的主要部位，最终会导致受害植株整株变枯死亡。

1. 小麦蚜虫的形态及为害特征

小麦蚜虫均属于同翅目蚜科，为害小麦的蚜虫主要有 4 类，包括麦长管蚜、麦二叉蚜、黍缢管蚜、无网长管蚜。其中，无网长管蚜的分布范围较小，为害较小，其他 3 类蚜虫则在中国各个麦区均有发生，且麦长管蚜和麦二叉蚜发生最多最广，这两类小麦蚜虫生活习性相似，年生 20 ～ 30 代，对小麦危害极大。

麦长管蚜在南北麦区密度都较大，北方发生更加严重，麦二叉蚜则主要发生于长江以北地区，尤其是雨量较少的西北地区发生频率更高。2020 年 9 月 15日，农业农村部在《一类农作物病虫害名录》中，将小麦蚜虫纳入虫害名录。

（1）形态特征

不同种类的小麦蚜虫的形态特征也有所区别。

麦长管蚜体长约 3 毫米，其中，无翅孤雌蚜呈长卵形，头部略灰，整体为草绿色到橙红色，腹侧有灰绿色斑，有翅孤雌蚜则呈椭圆形，整体为绿色但触角为黑色。麦长管蚜的触角通常比体长，腹管比腹部长，额瘤比较明显，有翅型的前翅中脉有三叉。

麦二叉蚜体长约 2 毫米，其中，无翅孤雌蚜呈卵圆形，整体为淡绿色，背部中线为深绿色，腹管为浅绿色，腹管顶端为黑色，有翅孤雌蚜则呈长卵形，整体为绿色，背部中线为深绿色，头部和胸部为黑色。麦二叉蚜的触角比体短，超过身体一半，腹管比腹部长，额瘤明显，有翅型的前翅中脉有二叉。

黍缢管蚜也被称为禾谷缢管蚜，体长约 2 毫米，其中，无翅孤雌蚜呈宽卵形，整体为橄榄绿色至黑绿色，嵌有黄绿色纹路，背部有白色薄粉，有翅孤雌蚜则呈长卵形，整体为深绿色，头部和胸部为黑色，腹部 2 ～ 4 节有大块绿斑且 7 ～ 8 节背中有横带。黍缢管蚜的触角比体短但超过身体一半，长度可达体长的 70%，腹管比腹部短，额瘤不明显，有翅型的前翅中脉有三叉。

（2）为害特征

蚜虫对小麦的主要为害是成虫和若虫刺吸植株的茎、叶和穗的汁液。通常苗期植株被害后会出现叶片枯黄、生长停滞、分蘖减少等现象；成株被害后会出现叶片发黄、籽粒不饱满等现象，严重时无法结实、穗部枯白、整株枯死。

麦长管蚜主要侵害小麦植株上部叶片的正面，小麦进入抽穗灌浆期后麦长管蚜会迅速增殖并集中于穗部为害；麦二叉蚜主要在小麦苗期为害，幼苗被害处会形成枯斑。小麦蚜虫除了自身对小麦植株的刺吸侵害外，还会成为小麦病毒病的传毒介质。

小麦蚜虫的越冬虫态会根据不同气候特征有所不同，在南方小麦蚜虫无越冬期，在北方小麦蚜虫则以无翅胎生雌蚜的形态在植株基部叶片上或土缝之中越冬，在北部较寒冷的麦区则会以卵的形态在土缝、杂草、枯叶中越冬。

麦长管蚜为害期较晚，通常在小麦进入拔节期之后才会逐渐加重，喜中温

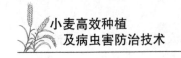

而不耐高温，适宜空气湿度为 40%～80%，喜欢相对湿润的环境；麦二叉蚜则为害幼苗，发生较早，喜欢干燥环境且耐高温，适宜空气湿度为 35%～67%。

2. 小麦蚜虫的防治措施

防治小麦蚜虫需要选用抗虫耐病的品种，播种前可用种衣剂进行拌种来隔离病害侵染，栽培模式要合理，在冬小麦和春小麦混播区需尽量单一化，在秋播一年两作地区尽量以玉米、谷子来和小麦轮作。

播种前可以对种子进行拌种处理。例如，用 20% 乐麦进行拌种，能够减少蚜虫暴发。若冬前或早春苗期出现蚜虫，可用 25% 大公牛噻虫嗪颗粒剂和除草剂混合进行喷雾处理，可有效杀灭蚜虫和杂草。若在小麦生育中后期出现蚜虫，可选用无公害高效农药邯科 140 的 1500 倍液，在小麦抽穗之后扬花之前喷施，每 10 天喷施一次连续 2 次，可有效灭杀小麦蚜虫。

另外，更加生态的防治蚜虫的方法就是利用自然天敌，小麦蚜虫的天敌种类较多，包括草蛉、瓢虫、食蚜蝇、蚜茧蜂、蜘蛛等，当天敌与蚜虫比例达到 1∶80 左右时要避免施用化学药剂，可充分发挥天敌的作用来达到科学防治蚜虫的目的。

（二）麦蜘蛛

麦蜘蛛属于蛛形纲蜱螨目叶螨科，中国为害小麦的麦蜘蛛主要有两种，分别是麦圆蜘蛛和麦长腿蜘蛛，两种麦蜘蛛通常在春秋两季吸食植株汁液，最终影响小麦生长导致产量下降。

1. 麦蜘蛛的形态及为害特征

（1）形态特征

麦圆蜘蛛的成虫体长 0.6～1 毫米，宽 0.43～0.65 毫米，呈卵圆形，整体为深红褐色，有 4 对足，第 1 对足最长，第 4 对次之，第 2 对和第 3 对等长。麦圆蜘蛛的卵为椭圆形，长 0.2 毫米左右，初生时为暗褐色，之后逐渐变为浅红色。其若螨有 4 龄。1 龄称为幼螨，身体呈圆形，有 3 对足，开始为浅红色，之后变为黄绿色到黑褐色；2 龄之后有 4 对足，形态和成螨类似；4 龄时呈现为深红色，形态和成螨极为接近。

麦长腿蜘蛛的成虫体长 0.6 毫米左右，宽 0.23～0.45 毫米，雌成虫为葫芦状，整体为黑褐色，身体背部有不明显的指纹状斑纹，有 4 对橘红色足，第 1 对和第 4 对特别长，极为发达，第 2 对和第 3 对等长。麦长腿蜘蛛的卵有两类：一类是越夏卵，呈圆柱形，颜色为橙红色，直径 0.18 毫米左右，卵的顶部覆盖有如同草帽的白色蜡质物，卵顶部有放射形条纹；另一类是非越夏卵，呈球形，颜色为红色，直径 0.15 毫米左右，孵化初期为鲜红色，取食后变为黑褐色。其若螨有 3 龄，1 龄若虫身体呈圆形，有 3 对足，2 龄和 3 龄若虫有 4 对足，形态和成螨类似。

（2）为害特征

麦圆蜘蛛比较怕高温和干燥，喜欢阴湿环境，通常在黄淮地区的水浇地或低洼的潮湿麦田中较多，具有群集性和假死性，春季会将卵产在小麦的近地面的分蘖茎或叶片基部，秋季则会将卵产在小麦植株或杂草近根部的土壤中或须根、叶片基部。

麦圆蜘蛛为害小麦的主要时期是拔节期，当小麦受害后及时进行灌水能有效减轻虫害。

麦长腿蜘蛛比较喜欢温暖和干燥环境，对空气湿度敏感度极高，通常在黄河以北旱作麦田中为害，在春季干旱少雨的环境下易猖獗，同样具有群集性和假死性。麦长腿蜘蛛的成虫喜欢爬行，能够借助风力进行传播，越冬和越夏的卵都能够抵抗冬季的干燥严寒及夏季的高温多湿。

麦长腿蜘蛛为害小麦的主要时期是孕穗期到抽穗期。

两种麦蜘蛛在小麦苗期会吸食幼苗的叶片汁液，造成叶片上出现许多细小白色斑点，之后叶片变黄，受害植株生长受限，通常植株矮小且产量降低，严重时会导致植株死亡。

2.麦蜘蛛的防治措施

防治麦蜘蛛需要整地时深耕灭茬来消灭越夏虫卵，同时要避免麦田连作。基于两种麦蜘蛛都喜干燥环境，因此适时灌溉是一种有效防治措施。在播种前可对种子进行有针对性的拌种，每 100 千克种子可用 75% 甲拌磷乳油 200 毫升兑水 10 千克进行拌种。

若小麦生长发育期出现该虫害，可每亩喷施 3% 混灭威粉剂或 1.5% 乐果粉剂 2 千克，也可每亩用 40% 氧化乐果乳油 2000 倍液、40% 三氯杀螨醇乳油 1500 倍液或 50% 马拉硫磷 2000 倍液 75 千克进行喷雾处理。

（三）黏虫

黏虫也被称为行军虫、剃枝虫等，喜食禾谷类作物的叶片，暴发时会将小

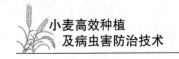

麦叶片吃光从而导致麦田严重减产。

1. 黏虫的形态及为害特征

（1）形态特征

黏虫有卵、蛹、幼虫和成虫 4 种形态。卵呈半球形，直径约 0.5 毫米，初生卵为乳白色，表面具有网状脊纹，临近孵化时呈现黄褐色或黑褐色，通常会夹杂在叶鞘缝内或卷曲的枯叶内。

蛹长约 20 毫米，整体为红褐色，在腹部第 5、6、7 节背面有横列的马蹄形刻点，尾端有一根粗大的刺，刺两侧伴生短而弯的 2 对细刺。

幼虫有 6 龄，接近成熟时体长 35 ～ 38 毫米，当发生量少时身体为淡黄褐色到黄绿色，当发生量大时呈现灰黑色到黑色。

成虫体长 17 ～ 20 毫米，整体为淡黄色或淡灰褐色，翅展为 35 ～ 45 毫米，前翅中央前缘位置有 2 个淡黄色圆斑点，后翅反面淡褐色、正面暗褐色，缘毛为白色。

（2）为害特征

黏虫为害小麦的时期主要在幼虫时期，黏虫成虫喜欢在温暖湿润的麦田产卵，温度在 23 ～ 30℃、空气相对湿度在 75% 以上利于成虫产卵和幼虫生存。幼虫害怕高温和干旱，同时雨量过多后数量也会显著下降。黏虫的成虫有迁飞习性，对糖、醋、黑光灯有强趋性。

通常黏虫成虫取食花蜜后，在适宜的温度和湿度环境下才会产卵。主要蜜源为苹果、油菜、大葱、桃树、李树、杏树、刺槐、苜蓿等。可根据成虫特性进行诱捕。

黏虫从卵孵化为幼虫需 8 ～ 10 天，前三龄幼虫会集中在小麦叶片上取食，能够将叶片完全吃光仅剩叶脉，后三龄为暴食期。幼虫第 1 次蜕皮需 6 ～ 7 天，第 2 次到第 5 次蜕皮每次仅需 3 天，第 6 次则需 6 ～ 7 天，每蜕皮一次食量都会增加。因此，防治幼虫需要在其 3 龄前进行，否则会对麦田造成无法挽回的损失。

2. 黏虫的防治措施

防治黏虫可以根据黏虫成虫的强趋性用物理方法诱杀，可利用其喜欢在禾谷类作物叶片上产卵的习性在每亩麦田插稻草把 60 ～ 100 个，每 5 天更换一次，将替换下来的稻草把集中到麦田外烧毁。也可以用黑光灯、糖醋盆等来诱杀成虫。

在幼虫低龄阶段可以用昆虫生长调节剂进行防治，以便减少农药污染。每亩麦田可用5%卡死克乳油50毫升或25%灭幼脲悬浮剂30毫升兑水50千克进行喷雾处理。也可以采用达标防治的手段，当虫口密度达到指标时及时进行药剂防治，每亩用50%辛硫磷乳油或40%乐斯本乳油100毫升兑水50千克进行喷雾处理。

（四）小麦叶蜂

小麦叶蜂也被称为齐头虫或小黏虫，属于膜翅目叶蜂科，通常在淮河以北麦区为害。

1. 小麦叶蜂的形态及为害特征

（1）形态特征

小麦叶蜂有卵、蛹、幼虫和成虫4种形态。卵表面光滑，为扁平的肾形，呈现为淡黄色；蛹长约9.8毫米，特点是头胸部粗大而腹部细小，末端有分叉，雄蛹略小，整体呈淡黄色到棕黑色；幼虫共有5龄，临近成熟的幼虫体长达17～19毫米，整体为灰绿色，头部为深褐色，通体圆筒形且胸部较粗，胸腹各节都有横皱纹；成虫体长约8～10毫米，整体为黑色显蓝光，后胸两侧均有一处白斑，翅是透明膜质，翅上有极细小的淡黄色斑点。

（2）为害特征

小麦叶蜂通常会以蛹的形态在土壤深处越冬，可达土层20～25厘米，春季气温上升时开始羽化并在麦田产卵，通常会将卵产在小麦叶片主脉旁的组织中。小麦叶蜂幼虫在1龄和2龄时白天为害叶片，3龄后白天隐蔽但黄昏后为害。

小麦叶蜂以幼虫为害叶片为主，其幼虫会从小麦植株的叶片边缘向内不断啃食形成缺刻，严重时会将整个叶片啃食。且幼虫具有假死性，受到振动会落地假死。

2. 小麦叶蜂的防治措施

防治小麦叶蜂需要进行深耕细耙以破坏其蛹的越冬条件。若小麦生长发育阶段遭遇虫害，则需要在幼虫3龄前进行防治，可每亩喷施2.5%敌百虫粉剂2千克，也可每亩用90%万灵粉剂3000倍液、50%辛硫磷乳油1500倍液或40%氧化乐果乳油4000倍液50千克进行喷雾处理。

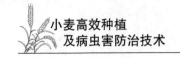
（五）麦秆蝇

麦秆蝇是中国北部春麦区和华北中熟冬麦区的主要害虫，其属于双翅目黄潜蝇科。

1. 麦秆蝇的形态及为害特征

（1）形态特征

麦秆蝇有卵、蛹、幼虫和成虫4种形态。卵为长椭圆形，卵壳为乳白色、不透明，卵表面有10余条纵纹；蛹为围蛹，长约4～5毫米，呈长椭圆形，初期颜色为淡绿色，后期为黄绿色；幼虫为蛆状，体形细长，末龄幼虫体长6～6.5毫米，呈黄绿色或淡黄绿色；成虫体长3～4.5毫米，通体颜色为淡黄色到黄绿色，胸部背面有3条深褐色纵纹，中间纵纹宽且长，翅脉为黄色，其他部分透明，复眼为黑色带青绿色光泽。

春麦区麦秆蝇可年生2代，以幼虫的形态寄生在病残体上或土壤缝隙中越冬，春季5月上中旬会有越冬代成虫出现，6月中下旬为产卵高峰期，4～7天后卵孵化，开始为害小麦。麦秆蝇产卵和幼虫孵化均需要较高的湿度，若小麦属于叶片宽、毛少且茎秆柔软的品种，为害更加严重。

冬麦区麦秆蝇可年生3～4代，以幼虫形态在病残体上或野生麦苗体内越冬，来年以越冬代即第一代幼虫为害小麦，越冬代成虫会在返青期产卵寄生为害小麦。

（2）为害特征

麦秆蝇主要以幼虫形态钻入主茎秆内进行蛀食，通常新孵化的幼虫会从叶鞘或茎间钻入茎秆，或从心叶及穗部节间基部1/5处钻入茎秆，然后对茎秆进行蛀食，最终造成小麦植株白穗、烂穗、枯心等，受害小麦无法结实。

若在分蘖期和拔节期受害，会形成钻心苗，主茎受害后会使无效分蘖增多；若在孕穗期受害，嫩穗会因为组织被破坏引起寄生菌寄生，最终腐烂形成烂穗；若在孕穗末期受害，穗部会被破坏从而形成坏穗；若在抽穗期受害，会形成白穗。除了孕穗末期受害形成坏穗之外，其他几种受害情况都会造成小麦颗粒无收。

2. 麦秆蝇的防治措施

防治麦秆蝇需要加强整地管理，需因地制宜进行深耕翻地，可进行适时早播和浅播来避开麦秆蝇为害期，同时需要选用抗虫性强的品种。

在麦秆蝇为害严重的麦区需要加强对麦秆蝇的预测和检查，冬麦区在 3 月中下旬、春麦区在 5 月中旬开始查虫。春麦区可在上午 10 时左右在小麦顶端扫网 200 次，若 200 网有 2～3 头虫，则可推测出 15 天后为越冬代成虫羽化盛期，可及时进行药剂防治；冬麦区百网有虫 25 头则需要及时进行防治。

当麦秆蝇成虫达到防治标准时，需每亩及时喷施 2.5% 敌百虫粉 1.5 千克，6～7 天后再进行虫情查看，若虫口密度依旧较高可喷施第二次药剂。若麦秆蝇已大量产卵，则需要每亩及时喷施 36% 克螨蝇乳油 1000 倍液、10% 大功臣可湿性粉剂 3000 倍液或 25% 速灭威可湿性粉剂 600 倍液 50 升，这样可有效控制卵的孵化。

（六）小麦黑潜蝇

小麦黑潜蝇属于双翅目潜蝇科，多分布于华北、东北和西北麦区，其主要为害小麦叶片，会造成叶片部分干枯，从而导致小麦减产。

1. 小麦黑潜蝇的形态及为害特征

（1）形态特征

小麦黑潜蝇体形较小，成虫体长约 3 毫米，通体黑色有光泽，复眼为暗褐色，具有较强的趋光性。幼虫呈蛆状，体长 4～5 毫米，体侧有较多微小的色点。

（2）为害特征

小麦黑潜蝇主要是以幼虫形态潜入叶片中蚕食叶肉，通常在春季气温快速上升时幼虫会潜入叶片之中，随着不断啃食叶肉，会形成残留表皮的带状潜道，最终导致叶片部分干枯，幼虫老熟后会从虫道爬出附着在叶片上化蛹并羽化。

2. 小麦黑潜蝇的防治措施

防治小麦黑潜蝇需要选用抗虫性强的品种，并加强田间管理来促成壮苗，以减轻小麦黑潜蝇的为害。可以在越冬代成虫开始大范围发生时进行药剂防治，可每亩选用 2.5% 敌百虫粉或 2% 西维因粉剂 2 千克进行喷施，也可选用 50% 辛硫磷乳油 1000～2000 倍液或 40% 氧化乐果乳油 1000～2000 倍液进行喷雾处理，每周一次连续 2 次，可有效降低小麦黑潜蝇的为害。

参考文献

［1］曹雯梅，刘松涛，郑贝贝，等.不同高产管理模式对小麦产量形成的影响［J］.河南农业，2017（24）：52-53，64.

［2］常凯.小麦高产栽培技术的推广应用探析［J］.农民致富之友，2019（13）：15.

［3］陈巨莲.小麦蚜虫及其防治［M］.北京：金盾出版社，2014.

［4］陈炜，邓西平.不同栽培模式对不同穗位籽粒填充的影响［J］.陕西农业科学，2018，64（7）：1-6.

［5］陈影慧.不同覆盖栽培模式对旱地冬小麦花后源流库的生理调控及产量形成的影响［D］.兰州：甘肃农业大学，2018.

［6］陈影慧，程宏波，刘媛，等.覆盖栽培模式对冬小麦花后旗叶光合特性及产量的影响［J］.干旱地区农业研究，2019，37（3）：192-199.

［7］丁锦峰，游蕊，丁永刚，等.基于不同栽培模式的小麦强、弱势粒灌浆特性研究［J］.麦类作物学报，2020，40（10）：1206-1214.

［8］范塑坤，胡亚峰.冬小麦不同栽培模式对土壤温度和产量的影响［J］.甘肃农业，2021（8）：79-81.

［9］房松林，吴水英，董艳玲.小麦高产的配套种植技术探讨［J］.农业开发与装备，2021（4）：188-189.

［10］管伟豆，肖然，李荣华，等.土壤镉污染北方小麦生产阈值及产区划分初探［J］.农业环境科学学报，2021，40（5）：969-977.

［11］郭成君.小麦赤霉病流行发病特点及防控对策［J］.安徽农学通报，2021，27（9）：88-89.

［12］郭天财，宋晓，冯伟，等.高产麦田氮素利用、氮平衡及适宜施氮量［J］.作物学报，2008，（5）：886-892.

［13］郭天财，宋晓，马冬云，等.氮素营养水平对2种穗型冬小麦品种籽粒灌浆及淀粉特性的影响［J］.华北农学报，2007（1）：132-136.

［14］郭天财，徐丽娜，冯伟，等.种植密度对兰考矮早八幼穗分化和碳氮代谢的影响［J］.华北农学报，2009，24（1）：194-198.

［15］郭天财，查菲娜，马冬云，等.种植密度对两种穗型冬小麦品种干物质和氮素积累、运转及产量的影响［J］.华北农学报，2007（6）：152-156.

［16］何红霞.栽培模式对旱地小麦籽粒产量和养分吸收利用的影响［D］.咸阳：西北农林科技大学，2018.

［17］侯春侠.小麦高产耕作栽培技术研究［J］.农家参谋，2017（18）：17.

［18］侯振华.春小麦种植新技术［M］.沈阳：沈阳出版社，2010.

［19］侯振华.冬小麦种植新技术［M］.沈阳：沈阳出版社，2010.

［20］胡根生.栽培模式对土壤肥力和小麦产量的影响［J］.安徽农业科学，2020，48（10）：24-26.

［21］霍成斌，李岩华，王高鸿，等.冬小麦不同种植行对秸秆覆盖响应的差异［J］.麦类作物学报，2018，38（1）：97-104.

［22］贾廷伟.小麦栽培技术的分析与展望［J］.农业开发与装备，2021（5）：213-214.

［23］姜丽娜，李金娜，齐红志，等.不同栽培模式冬小麦物质积累转运及光热资源利用研究［J］.河南农业科学，2018，47（12）：14-19.

［24］蒋赟，张丽丽，薛平，等.我国小麦产业发展情况及国际经验借鉴［J］.中国农业科技导报，2021，23（7）：1-10.

［25］靳晨阳.小麦产量与栽培、施肥及主要土壤肥力的关系［J］.农家参谋，2018（16）：47.

［26］柯媛媛，陈翔，倪芊芊，等.小麦干物质积累与分配规律研究进展［J］.大麦与谷类科学，2021，38（3）：1-7，12.

［27］李海超，秦保平，蔡瑞国，等.小麦氮素利用率的研究进展［J］.河北科技师范学院学报，2019，33（2）：28-34.

［28］李顺晋，安雨丽，崔玉涛，等.中国小麦生产的磷肥用量优化潜力及其对产量、籽粒营养和环境效应的影响［J］.浙江农业学报，2021，33（8）：1358-1366.

［29］李文品，周刚，郭元平，等.不同栽培行距对冬小麦产量的影响［J］.现代农业科技，2019（22）：9-10，15.

［30］梁传彦.小麦高产栽培技术及品质影响因素分析［J］.农技服务，2017，34（19）：15-16.

［31］刘俊明.不同栽培方式下冬小麦根系吸水层次分布规律研究［D］.北京：中国农业科学院，2020.

［32］刘俊明，高阳，司转运，等.栽培方式对冬小麦耗水量、产量及水分利用效率的影响［J］.水土保持学报，2020，34（1）：210-216.

［33］芦宁.先秦两汉黄河流域粟与小麦地位变化研究［D］.开封：河南大学，2015.

[34] 孟自力，闫向泉，朱倩，等.小麦栽培的特点及不同冬麦区存在的问题[J].现代农业科技，2018（4）：44-45.

[35] 邵千顺，王斐，王克雄，等.不同栽培方式对旱地冬小麦生长发育及产量的影响[J].江苏农业科学，2019，47（23）：102-105.

[36] 孙丽君.套作绿色栽培技术在玉米小麦的生产研究[J].新农业，2021（2）：83-84.

[37] 孙婴婴.不同栽培模式对小麦根系发育的影响研究进展[J].现代农业科技，2017（19）：4-6.

[38] 田强.小麦高产栽培技术的推广应用探析[J].农家参谋，2020（17）：241.

[39] 王成峰.小麦种植栽培技术及病虫害防治要点研究[J].种子科技，2021，39（2）：71-72.

[40] 王宏.小麦高产高效种植技术[M].呼和浩特：内蒙古人民出版社，2014.

[41] 王丽英，张鹏.小麦生产化肥减量增效试验[J].现代农村科技，2021（7）：59-60.

[42] 王永华，刘焕，辛明华，等.耕作方式与灌水次数对砂姜黑土冬小麦水分利用及籽粒产量的影响[J].中国农业科学，2019，52（5）：801-812.

[43] 王玉敏.冬小麦优质高产栽培技术[J].现代农村科技，2020（12）：19-20.

[44] 魏益民.中国小麦的起源、传播及进化[J].麦类作物学报，2021，41（3）：305-309.

[45] 温彩虹，李酶.小麦条锈病发生原因与高效防控技术探讨[J].陕西农业科学，2020，66（11）：56-58.

[46] 项升，江激宇，倪婷，等.秸秆还田对小麦生产技术效率的影响[J].湖南农业大学学报（社会科学版），2021，22（4）：32-39.

[47] 徐元辉，姜伟.不同栽培方式对小麦群体动态与产量及效益的影响[J].种子科技，2019，37（8）：145.

[48] 杨佳佳，程宏波，柴守玺，等.不同覆盖栽培方式对冬小麦干物质分配与转运的影响[J].麦类作物学报，2021，41（6）：745-751.

[49] 杨磊，孙敏，林文，等.群体结构对旱地小麦土壤耗水与物质生产形成的影响[J].生态学杂志，2021，40（5）：1356-1365.

[50] 杨立国.小麦种植技术[M].石家庄：河北科学技术出版社，2016.

[51] 杨英茹，车艳芳.现代小麦种植与病虫害防治技术[M].石家庄：河北科学技术出版社，2014.

[52] 姚忠会.小麦土传病害的发生特点与防治措施[J].河南农业，2020（31）：37.